KB119086

위대한 강의 삶과 죽음

위대한 강의 삶과 죽음

초판 1쇄 인쇄 2018년 7월 16일
초판 1쇄 발행 2018년 7월 23일

지은이 김종술
펴낸이 이상훈
편집인 김수영
기획편집 고우리 정진항
마케팅 조재성 천용호 박신영 곽은선 노유리
경영지원 이해돈 정혜진 장혜정 이송이

펴낸곳 한겨레출판(주) www.hanibook.co.kr
등록 2006년 1월 4일 제313-2006-00003호
주소 서울시 마포구 효창목길6(공덕동) 한겨레신문사 4층
전화 02)6383-1602~3 팩스 02)6383-1610
대표메일 book@hanibook.co.kr

ISBN 979-11-6040-175-2 03470

*책값은 뒤표지에 있습니다.
*파본은 구입하신 서점에서 바꾸어 드립니다.

위대한 강의 삶과 죽음

김종술 지음

[금강요정 4대강 취재기]

한겨레출판

추 | 천 | 의 | 글

세상을 썩지 않게 만드는 방부제, 김종술

인간이 만물의 영장이라는 말을 진리로 착각하시는 분들이 계십니다. 그러나 제가 생각하기에는 아직 만물의 영장 자격이 없는 인간들도 적지 않습니다.

인간이 만물의 영장이 되려면 생존경쟁이라는 말과 약육강식이라는 말을 당연시하면서 살아가서는 안 됩니다. 그것은 만물의 영장인 인간들 사이에서 통용되는 법칙이 아니라 정글의 동물들 사이에서나 통용되는 법칙입니다.

인간이 만물의 영장인 이유는 다른 생명체보다 지능이 뛰어나기 때문도 아니요, 만물을 일순간에 멸살시킬 수 있는 무기를 보유하고 있기 때문도 아닙니다. 오직 인간만이 지구상에서 만물을 사랑할 수 있는 의지와 영혼을 간직하고 있기 때문입니다.

지구상에 존재하는 생명체들 중에서 문자를 보유하고 있는 생명체는 인간밖에 없습니다. 문자는 만물을 사랑할 수 있는 의지와 영혼을 널리 전파하기 위해 만들어진 도구입니다.

하지만 생물학적으로는 아무 결함이 없는 인간이라도 철학적으로는 아직 인간이 되지 못한 수준에 머물러 있는 부류들이 많습니다.

우리는 서적을 통해서나 강연을 통해서 또는 기타 다양한 경로를 통해서 자연의 소중함을 수없이 배우고 가르치면서 살아온 지성체들입니다. 그러나 우리는 혹시 자연에게 너무 많은 죄를 짓고 살아온 존재들은 아닐까요. 나무 한 그루도, 풀 한 포기도 저건 얼마짜릴까, 돈으로 환산하는 족속들이 있습니다. 큰돈을 벌 수 있다는 판단만 서면 다른 동식물의 목숨 따윈 얼마든지 끊어버릴 수 있다고 생각하는 부류들이 부지기수입니다. 때로는 사람의 목숨조차 끊어버릴 수 있다고 생각하는 무리들까지 있을 정도입니다. 그런 존재들을 만물의 영장으로 인정해주기는 어렵겠지요.

국민들을 상대로 죽지도 않은 4대강을 죽은 사대강死大江으로 속이고 국민의 혈세를 4대강에다 쏟아부었던 대통령을 우리는 기억하고 있습니다. 분명히 대국민 사기극이었지요.

대한민국은 민주공화국입니다.

그러나 대한민국은 한때 부패공화국이거나 사기공화국은 아니었을까요.

이 책은 강이 죽으면 연쇄적으로 얼마나 많은 생명체가 끔찍한 죽음을 맞이해야 하는가를 확실히 깨닫게 만들어드립니다. 어찌나 묘사가 생생한지 여러분의 방 안에서도 마치 금강 기슭을 걷고 있는 듯한 현장감을 맛보실 수 있습니다. 그러나 수시로 떼죽음을 당한 물고기들이 풍기는 악취와 오염된 강물이 발산하는 악취 때문에 마스크를 쓰셔야 할지도 모릅니다.

수많은 생명체들이 죽은 후에는 어떤 현상이 벌어질까요.

결국 우리가 죽어야 할 차례가 오겠지요.

하지만 우리는, 강이 녹조라떼로 뒤덮이고, 물고기가 떼죽음을 당하고, 큰빗이끼벌레가 창궐하고, 초목들이 말라비틀어지는데도 너무나 무관심한 태도를 보였습니다. 정부도, 언론도, 학자도 국민들을 상대로, 아무 이상이 없다, 강이 건강을 되찾았다, 수질이 양호해지고 있다, 따위의 거짓말만 되풀이했습니다. 아무리 점잖게 표현해도 개쓰레기들이라는 표현밖에는 생각나지 않는 인간말종들이지요.

지금까지 대한민국은 매국매족이나 일삼는 무리들이 애국애족을 부르짖고, 부정부패나 일삼는 무리들이 청렴결백을 부르짖는 풍조가 만연해 있었습니다. 안타깝게도 판단력을 상실한 일부 국민들은 그들에게 속아서 거의 공범에 가까운 작태를 일삼고도 태연자약, 죄책감이나 수치심을 전혀 느끼지 못하는 기색이 역력했습니다.

가짜가 진짜로 추앙을 받고 진짜가 가짜로 전락해버리는 세상. 정의가 쓰레기통에 내던져지고 양심이 시궁창에 유기되는 세상. 희망보다는 절망이, 기쁨보다는 슬픔이, 행복보다는 불행이 언제나 우리의 머리맡을 서성거리고 있었습니다.

세상을 썩지 않게 만드는 방부제 역할을 해야 할 인물들이 세상을 더욱 썩게 만드는 부패 촉진제 역할을 서슴지 않았습니다. 대한민국은 OECD 국가 중에서 청소년 자살률 1위, 노인 자살률 1위, 국민 자살률 1위, 자살률 3관왕이라는 불명예를 안게 되었습니다. 젊은이들은 대한민국을 헬조선이라고 말할 정도였습니다.

젊은이들의 꿈도 녹슬어가고 젊은이들의 삶도 녹슬어가는 대한민국.

누구의 책임일까요.

어디서부터 잘못되었고 어디서부터 수리를 시작해야 할까요.

특히 4대강에 대해서라면 아직도 왈가왈부, 말들이 많습니다. 긍정적으로 평가하시는 분들도 계시고 부정적으로 평가하시는 분들도 계십니다.

저는 대한민국 작가의 한 사람으로서 솔직하게 말씀드리겠습니다. 적어도 그대가 대한민국의 국민임을 자처하신다면 반드시 이 책을 읽으셔야 합니다. 이 책이 4대강의 팩트입니다. 이 책에 4대강의 가감 없는 진실이 담겨 있습니다. 이 책에 부정과 불의를 혐오하고 상식과 정의를 사랑하는 한 남자의 열정과 영혼이 적나라하게 기록되어 있습니다.

김종술.

그는 10년간 금강을 사수해온 시민기자입니다.

금강의 삶, 금강의 죽음, 다시 금강의 회생을 간절히 기대하면서 그가 바쳐온 시간들. 수없는 난관과 현실적 부조리들. 하지만 그는 주저앉지 않았습니다. 그는 오늘도 금강에서 삽니다.

저는 그의 뜨거운 열정과 강인한 의지와 넘치는 정의감에 존경과 찬탄을 보냅니다.

이 책은 실로 기념비적인 의미와 내용을 간직하고 있습니다. 안타깝게도 지금은 남녀노소를 막론하고 책을 너무 읽지 않는 시대입니다. 모두들 마치 책을 읽으면 법정 전염병에라도 걸린다고 생각하는 것 같습니다. 하지만 이 책만은 온 국민이 읽어주셔야 한다고 말씀드리고 싶습니다.

시민기자 김종술.

그가 세상을 썩지 않게 만드는 방부제가 되어, 인간으로서는 견디기 힘든 고난과, 박해와, 핍박과, 모함과, 협박과, 불의와, 악덕을 모두 견디면서 오랫동안 금강을 지키기 위해 처절하게 벌여온 사투를 온 국민이 기억해주시기를 간곡히 당부합니다.

그대가 진실로 대한민국 국민이라면, 그리고 진실로 나라가 잘되기를 바라신다면, 반드시 이 책을 읽어주시고, 우리 주변에 아직도 살아 있는 강물과 자연에 지대한 관심을 가져주시기를 간절히 소망합니다.

이 외 수

프|롤|로|그

금강에 산다

"금강 살리기냐? 죽이기냐?"

"중·고등학생 둔치로 불러놓고 4대강 홍보만…"

4대강 사업 초기 내가 쓴 비판기사 제목이다. 기사가 '그들'의 비위를 건드렸다는 이유로 나는 밤낮없이 협박에 시달렸다. 운영하던 지역신문사는 광고가 끊겨 폐업할 수밖에 없었다. 빚쟁이로 전락했지만 조금이라도 돈이 생기면 카메라와 노트북을 들고 금강을 찾았다. 진실을 숨기려는 사람들에게 욕지거리를 듣고 얻어맞아가면서도 취재를 포기하지 않았던 것은 그 사업이 단순히 자연을 훼손할 뿐 아니라

강에 기대어 살아가던 사람들의 희망을 짓밟는 행위였기 때문이다. 나는 금강의 참살 그 한가운데 서 있었다. 2009년부터 지금까지, 나는 금강을 떠나지 못하고 있다.

이명박 정부의 4대강 사업에 대한 국민여론은 좋지 않았다. 대운하를 염두에 둔 사업이었기 때문이다. 70~80퍼센트의 반대에 부딪혔다. 결국 정부의 꼼수가 시작됐다. 강변 정화활동이라는 목적으로 학생들을 강으로 불러서 4대강 홍보물을 나눠주며 정치도구로 활용했다. 국토교통부(국토부)와 시공사는 민방위 교육장까지 찾아가 4대강 영상을 틀어가며 홍보에 열을 올렸다.

지역신문 기자로서 당연한 의무라고 여기고 이런 내용을 기사로 써나갔다. 하나둘 나가기 시작한 기사가 5~6개에 이르자 항의가 빗발쳤다. "지역신문 기자가 무슨 이유로 정부에서 추진하는 국책사업을 반대하느냐?"는 취지였다. 당시 내가 대표를 겸하고 있던 〈백제신문〉 소속 기자들은 물론 평소 친분이 있던 기자들까지 "그러다 큰일 난다"며 4대강 취재를 만류했다. 그런데 사고는 엉뚱한 곳에서 터졌다.

"그렇게 쓰면 안 되죠, 지역신문이 지역 이야기만 쓰면 되지 왜 정부의 국책사업 반대기사를 쓰나요?"

내가 쓴 기사가 못마땅했는지 시청 공무원이 볼멘소리로 항의를 해온 것이다. 황당했다. 지역신문 기자가 동네에서 벌어지는 일에 대한 기사를 썼는데, 비난받을 일인가? 그렇다고 포기할 수도 없었다. 공산성 앞 돌보를 해체하면서 발생한 물고기 떼죽음부터 공사과정의 기름유출까지 묵묵하게 취재를 이어갔다.

"전라도 새끼가 여기까지 굴러와서 반대만 하는 거야?"

"오늘부터 우리 광고 끊어주세요…"

섬뜩했다. 누군지도 모르는 사람들로부터 반격이 시작되었다. 수많은 항의전화에 시달리던 소속사 기자들이 4대강 반대기사만 쓰다가는 신문사 날아간다며, 내게 취재 중단을 끊임없이 요구했다. 내 생각이 옳다고 믿고 끈기 하나로 버텨왔는데, 어떻게 해서 여기까지 왔는데 포기할 순 없었다. 직원들의 충고를 마냥 무시할 수도 없어서 고민에 빠졌지만 결국은 4대강 취재를 끝까지 하겠다는 입장을 직원들에게 통보했다. 망하는 길로 들어서 구렁텅이에 빠진 느낌이었다. 그러나 마음은 홀가분했다.

"원하는 게 뭡니까? 원하는 대로 후원하겠습니다."

상대는 배고픈 사람 앞에 빵을 흔들어 보이는 추악한 행동을 서슴지 않았다. 광고라는 달콤한 미끼를 가지고 시공사 직원들이 연일 사무실을 찾았다. 그러나 마약인 줄 알면서도 그 달콤함에 취해 미끼를 받아먹는다는 것은 기자로서의 양심을 버리는 행동이었다. 그때마다 "제가 부모님에게 물려받은 재산이 많아서 죽기 전에 다 쓰고 죽을 수 있을지 모르겠습니다" 하며 일언지하에 거절했다. 그가 씩씩거리며 문을 나서면 또 다른 사람이 찾아왔다. 평소 안면이 있던 지인이 중재를 하겠다고 나섰지만, 그때도 단칼에 거절했다. 그때마다 그들이 내뱉는 말은 비슷비슷했다.

"너무 강하면 부러집니다."

광고가 줄어들고 후원이 끊기면서 신문사의 재정상태는 급추락했다. 한 달에 1,000만 원이 넘는 직원들 월급 감당하기도 힘들었다. 가족들에게 손을 벌리고 지인들에게 돈을 빌려서 근근이 명맥을 이어갔다. 새벽같이 일어나 번개같이 씻고는, 다람쥐처럼 차에 올라타서 강변을 누볐다. 강에 나갈 때는 행복했지만, 돌아올 때는 천근만근 무거운 짐을 지고 돌아와야 했다.

강물에 휴대전화를 빠뜨리는 일은 예사였다. 돌에 미끄러지거나 가시에 긁혀 다친 상처가 하나둘 늘어갔다. 수십 수백 번 강물에 담근 손은 70대 노인처럼 쭈글쭈글하게 변해갔다. 그 투박한 손으로 '독수리 타법'에 의지한 채 강변에 쪼그리고 앉아 기사를 써서 보냈다.

2009년 사무실에 도둑이 들었다. 2층 유리창을 따고 들어온 도둑은 사무실 컴퓨터 하드디스크만 쏙 빼갔다. 서랍에 들어 있던 현금은 손도 대지 않았다. 값나가는 물건도 아닌데 웃기는 도둑이었다. 다음 해에는 집에도 도둑이 들었다. 유리창을 깨고 들어와 컴퓨터 하드와 외장 하드만 가져갔다. 두 차례 경찰에 신고는 했지만, 지금까지 범인을 잡았다는 소식은 없다.

"청와대와 국정원에서 내려온 사람들이 요즘 당신 이야기만 하던데 조심해요, 기사 좀 그만 쓰라고."

사무실을 들락거리던 경찰서 정보관이 한 말은 협박에 가까웠다. 겁나지 않는 척 "웃기는 소리 마라"면서도 불안감을 떨치지는 못했다. 설마 사무실과 집에 든 도둑이 그들인가 하면서도 증거가 없었기에 함부로 말할 수 없었다. 악몽이 시작된 것은 그때부터다. 지역 토건세력들과 모르는 사람들이 협박을 해오기 시작했다.

"요즘 중국 사람들한테 돈 300만 원만 주면 사람 하나 묻어 버린다고 하던데…"

신문사에 불을 지르겠다는 말부터 밤길 조심하라는 얘기까지 밤낮을 가리지 않고 전화가 이어졌다. 그때마다 코웃음을 쳤지만 온몸이 움츠러들 수밖에 없었다. 그렇다고 취재를 중단할 수는 없어서 하루도 거르지 않고 강으로 출근했다. 밤길 조심하라는 말을 잘 새겨듣고 밤에는 될 수 있으면 활동을 자제했다.

결국 가장 큰 문제는 돈이었다. 한 달에 1,000만 원, 1년이면 억 단위의 돈이 사라졌다. 신문사를 이끌어간다는 것은 밑 빠진 독에 물 붓기였다. 더는 돈을 끌어올 곳도 없어서 마지막 남은 통장을 직원들 앞에 내어놓고 신문사 포기를 선언했다. 사장 잘못 만나서 끝까지 함께하지 못한 데 사과를 했다. 올바른 지역신문으로 키워보고 싶었던 꿈은 2년도 되지 않아 물거품이 되었다.

신문사를 내려놓으니 홀가분했다. 그러나 신문사를 접었다고 취재를 포기할 순 없었다. 기왕 시작했으니 끝까지 가보자는 것이 나의 생각이었다. 직원들에게는 미안했지만, 매달 감수해야 하는 금전적 고통이 사라지자 마음은 행복했다. 그날부터 난 〈오마이뉴스〉 시민기자로 활동하고 있다.

세종시부터 서천하굿둑까지 돌아가며 취재하는 데 드는 비용이 만만치가 않았다. 한 달 기름값만 100만 원 남짓, 먹고 자고 하는 비용부터 가끔 비행기를 띄워 사진을 촬영하는 데 드는 비용까지 300만~500만 원에 이르렀다. 그러나 시민기자로서 벌어들이는 수입은 한 달에 기껏 10만~20만 원 정도였다.

지인들이 내 전화를 피하기 시작한 것도 그때부터다. 툭하면 돈을 빌려달라는 내가 부담스러웠을 것이다. 밥 사 먹을 돈이 떨어지면 도시락을 싸고, 차량에 기름이 떨어지면 공사장에 나가든 대리운전을 하든 닥치는 대로 일해서 기름부터 채웠다. 무슨 수를 써도 돈이 마련되지 않을 때는 배낭을 메고 강변을 걸으면서 풍찬노숙하고 있다.

옳다고 생각한 일이기에 가난은 부끄럽지 않다. 좌절하고 포기하는 것이 부끄럽다고 배웠다. 언제나 금강의 평화를 위해 기도한다. 가뭄과 추위를 견딘 다음 해는 풍년이 든다는 말처럼, 어두운 금강에 다시 비단물결이 흐르리라는 것을 믿는다. 병든 금강에 파릇파릇 새싹이 돋는 그날까지 포기하지 않고 나아갈 것이다.

김 종 술

차례

[2부] 생명 혹은 죽음의 색깔

[3부] 강의 삶

[1부]

강의 죽음

새들목에 생긴 일

강변 모래톱은 나의 휴식처였다. 지역신문 기자를 하면서 화가 나거나 힘이 빠질 때면 무조건 강으로 뛰어갔다. 밤이고 새벽이고 가리지 않았다. 모래톱에 누워 소리를 고래고래 지르기도 하고, 쏟아지는 별빛 속에서 잠이 들기도 했다. 잠에서 깨어나면 온몸이 물기에 젖었지만, 정신은 어느새 맑아져 있었다.

모래는 내 몸만 정화하는 게 아니었다. 가늘고 고운 입자의 모래는 물의 오염을 걸러내는 필터다. 강에서 흐르는 물은 모래와 뒤섞여 뒹굴면서 깨끗해진다. 물속의 오염물질은 모래에 묻어 물속을 구르면서 잘게 부서지고 사라진다. 강변이나 산속에서 물이 떨어졌을 때 모래 속에서 방울방울 솟구치는 물은 음용수로 사용해도 큰 탈이 없다.

금강에는 이렇듯 보물 같은 모래톱이 많았다. 장맛비가 내릴 때마다 조금씩 만들어진 곳이다. 금강의 하중도河中島, river island는 하천의 유속이 느려지면서 상류에서 흘러내린 퇴적물이 쌓여 강 가운데 만들어진 섬을 말한다. 모래톱은 강 중간에 있어서 사람의 접근이 어려운데, 덕분에 새들을 비롯한 야생동물에게는 좋은 휴식처가 된다. 나는 멀리서 그 광경을 바라보며 마음의 위안과 평안으로 삼곤 했다. 종종 강변에서 무리 지어 나는 우아한 자태의 백로를 볼 수 있었다. 해질녘 무리를 지어 쉼터를 찾아가는 백로의 몸짓은 바라보는 이의 넋을 잃게 할 정도였다.

유네스코 세계문화유산인 공산성 인근 강변을 건너다보면 보이는 곳이 '새들목'이다. 이 하중도는 30년간이나 공주시민의 생명줄이었다. '상수도보호구역'으로 관리되어 사람의 출입이 엄격히 통제되었다. 동·식물의 삶의 공간이자 휴식처이며 산란장으로, 멸종위기종이자 천연기념물들이 살아간다. 천혜의 자연이 보존되어 생태적 가치가 높은 곳이다.

하중도 영역권 안에서 살아가는 조류는 최소 60여 종이나

처음 이곳에 발을 내딛던 날을 기억한다.
해안가 사구처럼 바람에도 날리는 고운 모래와
자갈이 듬성듬성 박혀 있는 새들목은
'새들의 나들목' 이라는 이름만큼이나
새 발자국 천지였다.

되었다. 맹금류인 참매, 참수리, 털발말똥가리, 흰꼬리수리, 흰목물떼새, 잿빛개구리매와 큰고니, 큰기러기, 원앙, 황조롱이, 말똥가리, 새매, 재두루미, 새홀리기, 붉은배새매 등 멸종위기종이자 천연기념물도 18종이나 확인됐다.

멸종위기야생동물 2급인 맹꽁이뿐 아니라 삵, 수달, 고라니, 족제비 등의 야생동물이 공존하고 있는 것도 확인했다. 또 하중도 인근에서 살아가는 천연기념물 제454호인 미호종개를 비롯해 92종의 어류까지 4대강 사업 전 어림잡아도 20여 종의 천연기념물이 살아가고 있다는 자료를 보고 증언을 들었다.

처음 이곳에 발을 내딛던 날을 기억한다. 강물이 흐르는 한가운데 있는 섬으로 들어가려면 보트를 이용해야 했다. 섬을 돌아볼 수 있는 시간은 서너 시간 정도였다. 해안가 사구처럼 바람에도 날리는 고운 모래와 자갈이 듬성듬성 박혀 있는 새들목은 '새들의 나들목'이라는 이름만큼이나 새 발자국 천지였다. 모래톱에 널브러진 야생동물들의 배설물을 밟기도 십상이었다.

"지지배배 끼룩끼룩 딱딱딱딱"

다종다양한 새들이 불청객의 침입에 놀라 비상을 걸었다.

낯선 인기척이 나자 나뭇가지에 앉아 있던 새들이 날아오르면서 혼비백산했다. 바람에 몸을 맡기고 활공하던 천연기념물 243-4호 흰꼬리수리도 놀랐는지 더 높이 날아올랐다. 바람처럼 조용히 먹잇감을 낚아채 간다는 매까지 보였다. 경계심을 줄이려고 조용히 앉아 있었는데 나를 안내하던 사람이 한마디 우스개를 던졌다.

"가끔씩 찾아오면 오리 알이 천지예요. 한 소쿠리 담아 가면 한동안 반찬거리 걱정 안 해도 된다니까요."

커다란 버드나무는 가녀린 줄기를 축축 늘어뜨리고 있었

새들목

다. 죽은 나무를 쪼아대던 딱따구리가 후다닥 날아올랐다. 햇살에 달궈진 모래톱엔 오리 알이 수북했다. 버드나무에서 떨어진 왜가리와 백로 새끼들의 사체도 보였다. 팔목만큼이나 굵은 구렁이가 채 숨이 끊어지지도 않은 왜가리를 반쯤 입속에 욱여넣는 모습도 보였다.

고라니는 환약처럼 생긴 까만 똥을 쌌다. 공동화장실을 사용한다던 너구리의 무더기 배설물도 보였다. 뺑 뚫린 곳에서는 손가락 굵기만 한 삵의 배설물 두 줄기도 보였다. 쥐를 잡아먹었는지 소화되지 않은 털들이 뭉쳐 있었다. 물가 바위나 작은 돌에는 물고기 비늘이 보이는 배설물도 있었다. 비릿한 냄새가 풍기는 수달의 배설물이었다. 강변의 모래톱에만 반해 있던 나는 이때부터 천혜의 자연을 간직한 하중도의 소중함을 알았다.

오리의 편에 선 다윗

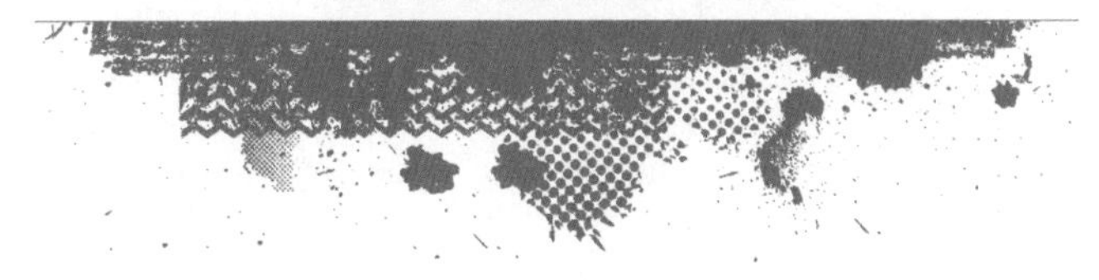

4대강 공사가 시작됐다. 70~80퍼센트의 반대여론 속에서도 단군 이래 최대 국책사업이 강행되었다. 이명박 정권이 금강의 뼈를 발라내듯이 모래와 자갈을 퍼내기 시작하던 날부터 나의 전쟁이 시작됐다.

"야, 새끼야, 찍지 말라니까! 개새끼 정말로 말 안 듣네."

"콱! 파묻어버리든지 해야지, 징그러운 새끼."

카메라를 들고 4대강 사업 공사현장을 취재할 때면 늘 듣던 폭언이다. 직업기자가 아닌 일개 시민기자였기에 욕설이 더 심했는지도 모른다. 이 정도는 일상적으로 듣는 수준이었다.

충남 공주 금강둔치공원 앞 하중도에 갇힌 물고기 취재를 시작했을 때의 일이다. 낯익은 시공사 담당 부장이 내 앞을 가로막았다. 그는 잠시 뒤 다른 곳으로 갔다. 그런데 이번엔 덩치가 크고 우락부락한 작업자가 삽을 들고 다시 막아섰다. 햇빛을 등지고 선 작업자는 커다란 눈을 치켜뜨고 삽을 허공에 휘두르며 쌍욕을 했다. 첫 봉변이었다.

그들은 여럿이었고, 난 혼자였다. 떨리지 않았다면 거짓말이다. 하지만 물러서면 앞으로 취재는 어렵다고 생각했다. 고개를 빳빳이 들고 그 사람과 죽어가는 물고기에 초점을 맞춰 카메라 셔터를 눌렀다. 그들이 한꺼번에 덤빈다면 카메라는 험악한 현장을 증언해줄 나의 유일한 무기였다.

"더러운 새끼! 가다가 물에 빠져 뒤져라."

내 앞에서 씩씩거리던 그는 결국 침을 튀겨가면서 저주에 가까운 말을 퍼붓고 돌아섰다. 그들은 그날을 시작으로 툭하면 욕설을 퍼부었고 얼굴에 침을 뱉으며 멱살을 잡았다. 가슴이 쪼그라들고 겁은 났지만, 그때마다 크게 웃었다. 겁먹지 않은 척, 의연해 보이기 위한 나만의 자구책이었다. 그런

4대강 공사가 시작됐다.
이명박 정권이
금강의 뼈를 발라내듯이
모래와 자갈을 퍼내기 시작하던 날부터
나의 전쟁이 시작됐다.

날 밤이면 분해서 가슴이 두근거렸다. 하지만 내 마음을 다 잡기 위해 뛰어갈 모래톱은 하루가 다르게 사라지고 있었다.

군사작전을 펼치듯 밀려든 사람들은 강바닥을 파헤치고 난장판을 쳤다. 쇠창살 철근으로 뼈대를 세우고 산업쓰레기로 만든 독극물인 시멘트로 화장을 했다. 금강 유역은 고장 난 중장비의 정비창이 된 듯했다. 유출된 기름이 강물을 타고 흘렀다. 야생동물이 사라지고, 강변에서 삶을 일구던 농민이 쫓겨났다.

아이들이 뛰어놀던 고운 모래톱 역시 사라졌다. 맑은 물을 만들고 내 맘도 달랬던 공존의 강, 그 많던 모래가 사라졌다. 휴식처였던 그곳은 나의 전쟁터로 바뀌었다. 국가권력을 손에 넣은 그들은 대형 덤프트럭과 포클레인 등 중장비를 휘둘렀고, 국민 세금이라는 막대한 돈을 움켜쥐고 있었다. 내겐 취재수첩과 카메라뿐이었다. 저들은 골리앗, 나는 말조차 하지 못하는 새와 수달, 너구리, 오리의 편에 선 다윗이었다.

1,164억 원이 가져다준 것

국토부에 따르면 4대강으로 인해 사라진 경작지는 약 3,200만 평, 여의도 면적의 무려 40배에 달하는 규모다. 2009년 한 해에만 이에 대한 영농보상금으로 약 5,800억 원이 지급되었다.

첫 보상지는 부여였다. 충남 부여군 하천부지는 비옥한 땅이었다. 부지런한 사람들은 3모작을 하고, 평균 1년에 2모작이 가능해 하우스 수박과 단무지용 무를 주로 심었다. 일부는 방울토마토를 경작하기도 했다. 이곳 약 400만 평, 여의도 5배 크기의 농지가 4대강 사업으로 사라졌다. 몇 대째 그곳에 살던 강변 경작지 농민들은 삶의 터전을 잃었다. 대신 돈다발을 손에 쥐었다. '농업인손실보상금' 명목으로 제곱미터당 2,140원씩 받았다. 4대강 사업이 시작되면서 작고 평화로운 마을에 무려 1,164억 원이 뿌려졌다.

"다방에 여자들이 넘쳐났다."

평소 안면이 있던 한 농민의 말이다. 4대강 사업 전에는 장사꾼들이 음성·함안에서 수박을 샀다가 망해서 돈을 까먹고 부여에 와서 돈을 번다는 이야기가 나돌 정도로 부여 수박은 돈이 되는 사업이었다.

당시 강변에서 농사짓던 농민들은 고수익을 올리던 터라, 4대강 보상으로 받은 1억, 3억, 5억을 별것 아니라고 생각했었다. 1년에 1억 정도씩 벌 수 있는 농가들이 꽤 많았기 때문이다. 보통 하우스 한 동에 300만 원 정도의 수익이 발생했는데, 50동이면 1억 원의 수익이 나고, 수박 수확 후에는 다시 단무지용 무를 심기 때문에 자재비와 인건비를 반 정도 털어내도 억 단위로 버는 게 어려운 일이 아니었다고 했다.

여기에 보상금이 보태진 것이다. 농민들에게 보상금이 나누어지던 시기에 부여 다방이나 길거리에는 여자들이 넘쳐났다. 전국의 노름꾼들도 어떻게 알았는지 이곳으로 다 몰려와 곳곳에서 노름판이 벌어졌단다. 그 농민은 당시 다방에 있던 '꽃뱀'에 빠져서 보상금 전부를 털렸다는 사람을 소개해줬다.

꽃뱀에 빠져 돈을 몽땅 날린 농사꾼을 만난 장소는 면단위에 있던 작은 다방이었다. 그는 원래 백마강 언저리에서 하우스 40동을 하면서 수박 농사를 지었다. 4대강 사업 전에는 두 아이의 아빠로 살면서 아내와 사이도 좋았다고 했다. 그러던 중 3억이 넘는 보상금을 받아 대체농지를 찾기 위해 이곳저곳 다니면서 사람들을 만났다. 그러다 한 다방에서 젊은 여성을 만나 사랑에 빠졌다.

"첫 만남에서 손톱에 때가 끼고 지저분한 나한테 잘해줘서 옷도 사주고 밥도 같이 먹으면서 빠져들었지. 홀로 부모님을 모시느라 다방에 빚이 있다는 이야기를 듣고 불쌍한 생각에 5,000만 원을 줬어요."

그는 뭐에 홀린 듯, 작은 가게라도 하나 차려주고 같이 살아볼 욕심에 그 여자에게 현금 2억 원을 줬다고 했다. 그 이후로는 연락두절, 전화번호마저 바뀌었는지 통화도 할 수 없었다. 지금까지 그녀를 찾아다니느라 나머지 돈까지 다 써버렸다. 결국 아내와 아이들이 이런 사실을 알게 됐고 그는 이혼을 당했다. 지금은 막노동판에서 잡부로 일한다고 했다.

꽃뱀에 홀려 돈을 털렸다는 그가 눈물을 흘리며 건넨 꼬깃꼬깃한 종이에는 여성의 주소가 적혀 있었다. 대전광역시 주소지를 넘겨받아 찾아가보았지만 그곳에는 노부부만 거주하고 있었다. 처음부터 보상금을 노리고 찾아온 꽃뱀이었다.

잡부로 전락한 그가 살았다는 동네를 찾아 전처와 주민들도 만났다. 부인은 기자의 방문을 반기지 않았다. 2년이라는 시간이 지났지만 아픈 과거를 떠올리기 싫었을 것이다. 세 차례 정도 방문하고 나서야 그녀의 이야기를 들을 수 있었다.

"한때는 신랑이 동네에서도 일 잘하고 성실한 사람이라고 칭찬이 자자했는데… 그놈의 4대강 사업이 우리를 이렇게 만들어버렸어요."

그녀는 배신감 때문에 남편을 보기도 싫지만 공사장을 떠돈다는 소식을 듣고는 고민이 많다고 털어놓았다. "시간이 지나고 용서가 된다면 모르겠지만, 지금 상태에서는 남편을 받아들이기 어려울 것 같다"고 대답하면서도 목이 메었다. 나는 몇 번이나 고개를 숙여 인사했다.

농촌 마을에 떨어진 돈다발은
갈등의 씨앗이 되었다.
보상금을 노린 꽃뱀과 노름꾼들이 달려들었다.
억대 보상금은 시골 마을에
풍요로움을 가져다주지 않았다.

"4대강 공사를 한다고 들어온 사람들이 이 동네 인심을 다 버려놨어. 예전에는 주민들이 서로 싸우고도 다음 날이면 괜찮았는데, 지금은 무조건 고발부터 해. 예전에는 옆집에 된장 좀 얻으러 가도 '어, 저기 가서 퍼 가라' 했는데 지금은 '얼마치?'라고 말해. '배추 하나 뽑아 갈게요' 해도 '먹을 만큼 뽑아가' 했는데 '한 포기 얼마다'라고 한다니까. 4대강 사업으로 외지인들이 와서 살다보니 지역주민들이 돈돈 하는 게 몸에 배어버렸어. 4대강 사업으로 강물도 썩고 인심은 인심대로 나빠지고, 땅값은 올라가버렸지. 이 동네에 185가구가 사는데 다방만 11개여. 전부 다 티켓다방이여."

경북 의성군 낙단보 인근에서 만난 한 주민의 말이다. 그는 자기 마을은 원래 옆집에 숟가락 젓가락이 몇 개인지, 제삿날이 언제인지 알 정도로 185가구가 가족같이 살았다고 했다. 하지만 4대강 사업 이후 작은 동네에 티켓다방이 들어서고 술집이 늘어나면서 분위기가 달라졌단다.

농촌 마을에 떨어진 돈다발은 갈등의 씨앗이 되었다. 보상금을 노린 꽃뱀과 노름꾼들이 달려들었다. 가정은 풍비박산이 났다. 보상금을 날리고 농사를 포기한 채 도시 빈민으로 전락한 이들도 많았다. 심지어 한 늙은 농부는 고령인 아내를 버리고 자식들을 피해 여관을 전전하다 스스로 목숨을 끊었다. 억대 보상금은 시골 마을에 풍요로움을 가져다주지 않았다.

빼앗긴 땅의 가격

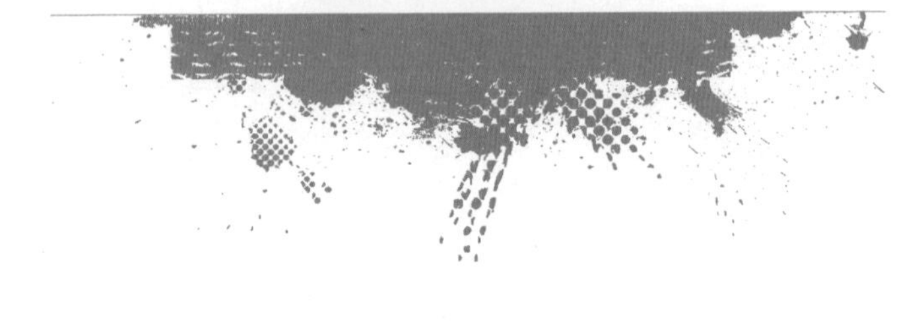

4대강 이후 마을공동체에 일어난 변화를 알아보기 위해 전라북도 익산시 용안면 난포리 성당포구까지 가보았다. 대나무가 마을을 감싸고, 수령 700~800년이 넘어 보이는 은행나무(전북 기념물 제109호)와 당산나무(보호수)가 금강의 아름다운 풍경 속에 있다. 이곳엔 고란초 수리부엉이도 자리를 잡고 산다. 풍족한 어자원 덕분에 웅어와 황복, 장어, 참게까지 잡히던 곳이었다. 1990년 군산과 서천을 연결하는 하굿둑이 막히면서 나룻배는 발목이 묶여 포구로서의 옛 명성만 남아 있다. 마을 사람은 이렇게 회고했다.

"하굿둑이 막히기 전에는 금강에 그물을 쳐서 민물장어 18관(70킬로그램)을 잡았어. 우리 마을은 지금이라도 하굿둑만 터놓으면 농사 안 짓고도 먹고사는 데 지장이 없을 정도로 풍요로워. 웅어, 황복, 장어 올라오는 철에는 하루에 100킬로그램은 놀면서 잡을 정도여. 황복이 올라오는 철이면 찾아오는 손님들로 작은 시골이 북적거릴 정도로 장사진을 이뤘제."

또한 이곳은 고려에서 조선후기 고종 때까지 세곡稅穀을 관장하는 성당창이 있던 곳으로, 남원, 운봉, 금산, 진산, 여산, 익산, 진안, 오산 등에서 온 세곡이 모이는 장소였다. 1,200석(150톤)을 실을 정도로 큰 배가 다녔다. 안면도의 명소인 '쌀썩은여'라는 지명도 여기로 들어오던 배가 사리 때 암초에 부딪혀 전복되고 쌀이 썩어간 데서 유래했다는 설이 있다. 1894년에 동학농민운동이 일어났을 때 성당창에 쌓여 있는 쌀을 제일 먼저 쓸어버렸을 정도로 쌀이 넘치던 곳이다.

그래서 이곳은 익산에서도 손꼽히는 부자마을이었다. 같은 성씨를 가진 사람들이 마을 절반을 차지하는 집성촌이었다. 내가 만난 그의 집안도 여기서 450년째 대를 이어 살아간다고 했다. 햇볕에 그을려 시커멓게 탄 얼굴, 발고랑처럼 굴곡진 손등, 바늘로 찔러도 피 한 방울 나지 않을 듯 단단한

체구였다.

"마을 사람들이 갈대밭인 풀등(하중도)에다가 지게를 지어다 둑을 쌓고 개간해서 농사를 지었어. 나도 79년도에 중장비를 배에 싣고 들어가서 개척사업을 했제. 그렇게 개간한 땅이 72만 평이었어. 60가구가 사는 주민 중 34가구가 논농사였는데, 30만~40만 평 정도로 논밭을 지었어. 일반 논에

비료 다섯 포대 뿌릴 때 여긴 한 포대면 농사가 될 정도로 풍요로워. 일반 논이 네 가마니 나올 때 강변에서는 여섯 가마니 나왔으니까. 모래와 펄이 쌓이고 쌓여서 만들었으니 얼마나 비옥한지 몰러. 80킬로그램 쌀로 8,000가마를 수매했어. 덕분에 익산시에서 쌀 생산이 제일 많았제. 억대 농부가 네 명이 있었고 나는 벼농사만 지어도 1년에 5,000만 원은 벌었어. 농사짓는데 뭐가 힘들어, 요즘은 기계가 다 해.

4월에 못자리하면 다섯 달 동안 농사를 지어. 그중 30일만 논에 왔다 갔다 하면 1년 5,000만 원짜리 월급쟁이를 하는 거여."

그의 말대로 이곳 강변에서는 벼농사와 함께 참깨, 참외, 콩 농사도 이루어져 농산물이 풍족했다. 그러나 4대강 사업으로 강변의 토지를 정부에 수용당하게 되었다.

사무실 탁자에 앉아 있던 그는 불편했는지 자리를 박차고 나갔다. 성큼성큼 계단을 올라 금강이 내려다보이는 옥상으로 자리를 옮겼다. 담배 한 개비를 피워 물더니 4대강 사업으로 만들어진 '생태공원'을 가리키며 침을 튀기며 말했다.

"이명박 대통령이 4대강 사업을 한다는 소문이 돌면서 특임장관이 마을에 네 번을 내려와서 설득했어. 당시 72만 평 중에 32만 평만 공원으로 만들고 나머지는 논으로 농사짓게 해준다고 약속했거든. 그리고 같이 온 국장한테 지시했어. 누구 논은 들어가고 누구는 안 들어가면 안 되잖어. 그래서 다 정리해서 해준다고 했는데, 어느 날 갑자기 전화와서 '여기만 조금 봐주면 다른 데서 시끄러워지니까 안 되겠다'고 연락을 해온 거여. 뒤통수 맞은 거지. '농업인손실보상금'조로 제곱미터당 2,140원씩 보상금 받고 쫓겨났어. 하천부지는 국가 땅이라 땅값은 안 주고, 가구당 7,000만~8,000만 원 받았는데 그놈으로 술 처먹고 빨리 죽으라고 준 거여."

2009년부터 4대강 사업으로 강변에서 쫓겨난 주민들을 수없이 만났던 터라 그렇게 말하는 심정을 이해할 수 있었다.

국가하천의 하천부지는 가구당 9,000평까지 분양이 가능하며 5년마다 자치단체에서 하천점용허가를 받아야 한다. 당시 '농업인손실보상금'은 허가를 받은 가구에만 지급되었다. 이 때문에 농사를 짓지 않고 점용허가를 받아 이름만 빌려준 명의자와 실제 경작 당사자 간 갈등이 심했다. 보상금을 받은 농민들은 대부분은 인근 허가구역 안에서 대토代土를 구하지 못하고 떠나가야 했다. 농사밖에 모르고 살아가던 농민들이 평생직장을 빼앗기고 손에 쥔 보상금 7,000만~8,000만 원으로 뭘 할 수 있겠는가?

"서른네 개 농가가 농사 하나도 못 짓고 쫓겨나서 뿔뿔이 흩어졌제, 농사짓다가 땅 빼앗기고 보상금 몇 푼에 땅을 어떻게 구해? 가족 같은 친구들이 다 고향을 등지고 떠나갔어. 자식들 사는 익산, 함열에 임대아파트로 들어갔는데 눈칫밥이나 먹고 살겠지… 4대강은 손대지 말았어야 하는데 손을 대서…"

아랫입술을 깨물던 그가 허탈한 듯 웃었다. "다 잊어버린 것은 이제 고만 물어보고 은행나무나 보러 가자"고 길을 나선다. 비릿한 강 내음이 바람을 타고 퍼졌다. 마을엔 천연기념물 등재를 하고도 남을 정도로 거대한 은행나무가 있었다. 골진 잔주름만큼이나 세월의 흔적을 간직한 은행나무 옆에는 보호수로 지정된 두 그루의 당산나무가 주춧돌처럼 자리를 잡았다. 여의도 면적보다 넓은 땅을 일구며 살았던 사람들에게 빼앗은 옥토는 잡초만 무성한 공원으로 변했다. 점심시간이 훌쩍 넘어서 손님 대접이 소홀했다며 인근 콩국수 집으로 손을 잡아끌었다. 점심을 먹고 돌아서는데 마지막 말을 던진다.

"인근에 논산, 익산, 다 합쳐봐야 인구 60만 명도 안 되는데 무슨 사람이 온다고, 우리한테 빼앗은 농지로 생태공원을 만들어. 나도 눈과 귀가 있어서 아는데, 4대강 유지관리비로 1년에 최대 수천억 원이 들어간다더만. 아무리 쏟아부어도 티도 안 날 것이여."

4대강 사업으로 모래와 자갈을 파내자, 농지가 사라지고 돈 폭탄이 떨어졌다. 평생 뼈 빠지게 일했던 농민들에게 한 순간 달콤한 유혹이었지만, 지속가능하지 않았다. 많은 사람들이 노름과 유흥에 빠져 보상금을 날렸고, 삶의 터전인 농토도 잃었다. 갈 곳 없는 농민들과 헤어질 때마다 발걸음이 무거웠다.

“맹박이가 낚시도 못하게 해…”

예전에 그 이름대로 비단처럼 굽이쳐 흐르던 금강에는 모래톱이 잘 발달한 하중도와 백사장이 있었다. 누구나 모래사장을 찾아 기타를 치면서 노래를 부르고 산책하거나 장난을 치면서 뛰어놀았다. 그런데 이명박 대통령이 이곳을 강과 어우러지는 친수공간으로 조성한다는 목적으로 농민들을 몰아내고 준설해 보를 세워 강을 곧게 흐르도록, 즉 직강화해버렸다. 이는 강변에 살던 사람들도, 강을 찾던 사람들도 오히려 내쫓는 결과를 가져왔다.

강변 어부들에게도 금강은 삶의 터전이 아니라 추억의 장소로 바뀌었다. 충남 부여군 금강에서 물고기를 잡던 일흔

네 살 늙은 어부는 이렇게 푸념했다.

"옛날에는 고기가 참 많이 잡혔어. 물이 깨끗해서 그런지 고기도 맛이 달고 좋았는데 지금은 녹조가 퍼렇게 물에 뜨면서 고기도 안 나오지. 요즘은 눈치, 눈불개, 민물숭어 같은 하얀 고기만 잡혀서 팔지도 못하고 버리는 경우가 태반이여."

금강과 더불어 살면서 민물고기 어업으로 생계를 이어왔지만, 이제는 더 이상 강물에 그물을 내리지 않는단다. 4대강 보를 막은 뒤부터 잉어하고 강준치는 아직도 좀 잡히지만, 나머지는 고기가 씨가 말라버렸다고 했다.

"아버지가 이곳 금강에서 물고기를 잡아서 우리 6남매를 키웠고, 나 또한 3남매를 고기를 잡아서 대학까지 보냈으니 그나마 성공한 사람이지. 백사장이 있던 백마강에서 물을 떠다 먹고 빨래하고 목욕하고 살던 곳이여. 옛날에는 뱀장어, 참게, 메기, 모래무지, 자라, 쏘가리, 빠가사리 등 말도 못하게 많이 잡았지."

그는 옛날에는 하루에 못 잡아도 100킬로그램 정도는 잡았다고 했다. 그런데 지금은 겨울에만 조금씩 잡는데 일주일에 4~8킬로그램 정도가 고작이라고 아쉬워했다. 그는 어업에서 농업으로 업종을 바꿨다. 강변 농지를 임대해서 지금은 농사를 짓고 있다. 아담한 체구에 건강해 보이는 그는 이렇게 말을 이어갔다.

"(4대강 사업을) 조금 천천히 했으면 좋았을 텐데 너무 빠르게 하면서 사고가 생긴 겨. 보를 막으니까 지금은 흙탕물이 지면 열흘에서 보름까지 가. 그만큼 물 흐름이 늦어졌다고 봐야 할 것 같어. 강이 구부러진 그대로 준설을 해야 했는데 줄자로 재듯이 반듯하게 만들어버리면서 문제가 생긴 모양이여. 모래 준설하느라고 다 파헤쳐놓고 4대강을 잘했다고 하니까… 시골에 사는 사람도 강의 깊이를 다 아는데 잘 알지도 못하는 놈들이 책상머리에 앉아 설계하면서 문제가 생겼지. 하굿둑을 막고 보까지 세우면서 물 흐름이 적어지니까 옛날에는 보지도 못한 녹조가 생겼잖아. 예전에는 지금같이 찬바람이 불면 칠어가 많이 잡혔는데…"

강변에서 강과 함께 살아온 모든 사람들이 이 어부처럼 4대강 사업을 원망하는 건 아니다. 백마강변 매운탕집 주인은 이곳을 찾는 공무원들이 많아졌다면서 좋아했다.

"금강에서 조개(재첩) 잡던 사람이 한두 명이 아니었는데 (서천하굿둑) 보상을 받고 그만뒀지만, 나는 지금까지 하고 있어요. 4대강 사업으로 물도 많아지고 정화도 돼 강이 되살아나고 있어요. 선진국들도 하니까 우리도 해야 하는 것 아닙니까? 국민들도 다 해야 한다고 생각을 하는데 업자들과 공무원들이 개판으로 만들어서 대통령까지 욕먹는 거지요. 지금 모래도 다 팔아먹고 없다고 하는데 다시 준설을 하면서 정비를 했으면 합니다. 사람들이 강을 깊게 파면 뚤(지천)이 망가진다고 하는데 전혀 망가지지 않아요. 준설할 때 가장자리까지 더 깊게 팠더라면 백마강이 더 예쁘게 변했을 텐데…"

4대강 사업으로 손님이 늘었다는 그의 이야기를 들으면서 씁쓸했다.

4대강 사업은 낚시꾼들의 낚시방법을 변화시키기도 했다. 금강은 흐르는 강이었다. 그래서인지 세종시 합강리 주변과 공주시 청벽나루터, 탄천면, 부여군 낙화암, 논산시 황산대교 인근 등에서는 견지낚시(물살이 흐르는 여울에서 밑밥을 흘려보내면서 하는 낚시기법)가 주종이었다. 그 외에 루어낚시(털·플라스틱·나무·금속 등으로 만든 인공미끼를 사용하는 기법)

와 릴낚시(떡밥을 뭉쳐 멀리 던지는 기법)만 가능했다. 가끔 후미진 곳이나 웅덩이에서는 전통 바닥낚시(찌에 부력을 맞춰 입질을 파악하는 기법)를 하는 사람들도 있었다. 그런데 4대강 사업 이후 금강에 백제보, 공주보, 세종보가 세워지자 물 흐름이 사라져버렸다. 낚시기법도 바닥낚시로 바뀌었다. 잡히는 어종도 여울성 어종에서 담수호 어종으로 변했다.

공주시 백제큰다리 주변은 낚시인들의 발길이 끊임없이 이어지는 곳이다. 내가 찾아간 날도 7~8명이 무리를 지어 낚시에 열중하고 있었다. 한 명은 릴낚시와 바닥낚시, 중층낚시(예민한 찌를 이용하여 떡밥을 중층에 두고 하는 기법)까지 사용하고 있었다. 4대강 사업 전과는 달라진 모습이었다.

공주 시내에서 왔다는 낚시꾼은 "전에는 상상하지도 못했던 붕어낚시를 하고 있는데 올라오는 고기에 붉은 반점과 상처가 많다"며 "가끔 야간에 공주보 수문을 열어버릴 때는 물이 흘러서 줄이 엉켜 낚시도 못하고 그냥 돌아가는 일도 허다합니다"라고 씁쓸하게 말했다.

한적한 시골 구멍가게에서 막걸리를 마시고 있는 두 노인의 대화에 끼어든 일도 있다. 오토바이 뒤편에 놓인 낚시가방을 보고 "고기 좀 잡으셨어요?"라고 묻자 한 노인이 "맹박이가 (4대강) 보를 막아놓고 낚시도 못하게 해"라고 대답했

예전에 그 이름대로 비단처럼
굽이쳐 흐르던 금강에는
모래톱이 잘 발달한 하중도와 백사장이 있었다.
이제 금강은 삶의 터전이 아니라
추억의 장소로 바뀌었다.

다. 흰머리가 희끗희끗한 그의 말을 빌리자면 낚시경력 50년차로 안 잡아본 물고기가 없다고 했다. 그의 무용담이 이어졌다.

"옛날에는 빠가사리, 메기, 쏘가리 등 낚싯대 하나면 한 가마니씩 잡았어. 가을철 찬바람이 불어오면 칠어를 하루에 100~150마리 정도를 잡아 말렸다가 겨울에 반찬이나 술안주로 쓰면 최고였지. 지금은 생태계가 다 망가져서 고기도 나오지 않지만 나온다고 해도 물이 썩어 먹지를 못해. 우리 애들도 어릴 때는 대나무낚싯대 하나만 있으면 고기를 먹을 만큼 잡아왔는데… 4대강 막은 뒤로는 낚시도 못하게 하지만 고기도 안 나오지. 참 옛날에는 경운기에 천막 싣고 장작에 솥단지 하나면 (금강) 저기에서 해수욕도 하고 고기를 잡아서 매운탕도 끓이고 하루는 거뜬하게 놀다 왔는데 말이야."

낚시꾼의 말은 10퍼센트만 믿으라고 했다. 과장이 심하다는 이야기다. 내가 미심쩍은 표정으로 이야기를 듣자 내 손을 이끌고 자기 집으로 가자고 했다. 증거를 보여주겠다는 것이다. 집에 가보니 정말 앨범에 넓은 백사장에 솥단지 걸어놓고 음식을 하는 젊은 시절 그의 사진과 모래사장에서 해수욕을 즐기는 딸들의 사진이 가득했다.

"어릴 때 외삼촌한테 낚시를 배워 지금까지 1년에 며칠만 빼고 늘 낚시를 해서 금강 강바닥은 훤히 꿰고 있는데, 그렇게 많던 고기가 다 어디로 사라졌는지 모르겠어. 오늘은 손톱만 한 눈치 새끼 두 마리만 겨우 잡고 왔네. 옛날에는 흐르는 강이라 찌를 사용하지 못하고 끝보기낚시(흐르는 강물에 유속이 심해서 찌를 세울 수 없을 때 낚싯대 끝을 보고 입질을 파악하는 기법)를 했는데 지금은 물이 흐르지 않아서 찌를 사용해. 오늘도 고기 몇 마리 잡아볼까 하고 사람들이 찾지 않는 장소로 낫질까지 해가면서 길을 만들어 갔는데 공치고 왔지 뭔가."

그가 보여준 사진 한 장은 한 폭의 그림 같았다. 마당을 가로질러 쳐놓은 빨랫줄에 기다랗고 가는 물고기가 주렁주렁 매달려 있었다. 가을이면 금강에 넘쳐나던 칠어라고 했다. 그렇게 말린 물고기는 겨울철 동네 사람들 간식이자 주전부리였단다. 동네 어귀에서 만난 주민들도 그가 잡은 물고기의 맛을 잊지 못하고 있었다.

"강은 죽었어. 이런 강에서 물고기가 어떻게 살아요."

금강에서 만난 한 낚시꾼이 푸념했다. 사실 세종시, 공주시, 부여군 등 강변을 취재하면서 가장 많이 만난 사람은 낚시꾼이었다. 늘 물속을 걸으면서 취재하는 내 모습을 보고 엄지손가락을 치켜세우며 "옛날 그 강으로 만들어줘요" 하고 커피를 건네주던 응원군도 많았다. 그들은 제보자이기도 했다. 낚시를 하다가 늦은 밤 보에서 물을 빼는 장면을 목격하고 밤 1시에 전화를 해왔고, 녹조가 강을 뒤덮었다고 새벽녘에 문자도 보내줬다. 밤낮없이 울려오는 너무 잦은 제보 전화 때문에 고단하기도 했지만, 이제는 그들조차 만날 수 없다. 물고기 떼죽음 사고가 빈번하게 발생하면서 요즘 금강은 낚시꾼도 찾지 않는 죽음의 강으로 변한 지 오래다.

물고기 떼죽음: 열흘의 기록

4대강 공사 초기부터 예고된 참사였다. 2010년, 굉음을 울리며 쳐들어온 중장비들이 금강을 가로지르는 공주시 백제 큰다리(2008년 23억 원을 들여 완공)의 안전을 위해 설치했던 바위덩어리 보호공의 허리를 잘라버렸다. 강물을 가로막고 있던 2미터 돌무더기가 무너지자마자 하류로 물살을 타고 흘러내려 흔적도 없이 사라졌다.

갑자기 본류 수위가 낮아지자, 모래웅덩이 얼음판 밑에서 겨울잠에 빠졌던 물고기들은 날벼락을 맞았다. 얕은 모래밭에서 살던 모래무지, 누치, 끄리, 마자, 피라미, 붕어, 잉어 등 물고기 수천 마리가 물 빠진 모래톱에 허연 배를 드러내고 죽어갔다. 일부는 얕은 물속에 방치되면서 흙탕물이 발생하고 아가미가 막혀 패혈증 등으로 죽은 것이다. 4대강 사업으로 인한 재해의 시작이었다.

금강 둔치로 산책을 나왔다가 모래사장에서 죽어가는 물고기를 보면서 안타까움에 발을 동동 구르는 사람이 있는가 하면, 작은 웅덩이에 갇혀 펄떡이는 잉어 등 물고기를 보고 족대와 투망을 가지고 몰려들어 무참히 학살하는 사람도 있었다. 아무튼 4대강 사업으로 강의 수질이 좋아지고 물고기와 사람이 살아가는 환경이 좋아질 거라고 역설했던 정부에 대한 신뢰가 본격적으로 무너지기 시작한 것은 이때쯤이다.

정부는 서둘러 진화를 시도했다. 사람들의 접근을 차단하고 물고기 집단폐사를 자치단체와 갑작스러운 한파 탓으로 떠넘기기 시작했다. 시공사인 건설사는 죽은 물고기를 수거하고 현장을 은폐하기에 바빴다. 당시 민주노동당 홍희덕 국회의원의 현장 방문을 앞두고 서둘러 현장을 훼손한 것이다. 홍희덕 의원이 4대강 사업은 시간을 가지고 해야 하는데 급하게 공사를 하다가 이런 사고가 일어났다고 지적했다. 그러자 당시 환경부 산하 금강유역환경청 청장은 4대강 사업과는 무관하다면서 다음과 같은 입장만 되풀이했다.

"(4대강 금강 살리기) 골재 채취장 공사 중단으로 웅덩이에 간혀 있던 물고기들이 연초부터 계속된 한파로 물이 결빙돼 유량부족, 수온하강 등에 따른 호흡곤란으로 폐사한 것 같다."

뻔히 보이는 거짓말이었다. 이후에도 4대강 공사가 진행되는 동안 수시로 물고기 집단폐사가 이어졌다. 그때마다 정부는 서둘러 죽은 물고기를 수거하는 척하다가 언론 감시의 눈길이 멀어지면 구덩이에 갇힌 물고기를 불도저로 밀어 덮었다. 이때부터 정부가 축소, 은폐, 훼손한 자료를 찾기는 어렵지 않다. 사건이 터질 때마다 해명자료라는 이름으로 4대강 사업과 무관함만 강조했다.

#1일 : 1만 마리

"백제보 부근에서 물고기 수천 마리가 떼죽음을 당했어요."

2012년 10월 18일, 제보를 받고 백제보 상류로 급하게 차를 몰았다. 물고기를 수거하는 환경부 산하 금강유역환경청 임시고용직인 '금강지킴이'들이 파란색 쓰레기봉투를 들고 집게를 이용해 죽은 물고기를 주워 담고 있었다. 그중 한 사람이 "죽은 물고기가 엄청나다"고 귀띔했다. 서둘러 현장을 돌아보기 시작했다. 역한 냄새가 진동하는 강물에 허연 배를 드러내고 죽은 물고기가 수면에 둥둥 떠올라 있었다. 산의 가랑잎만큼 셀 수 없을 정도로 많았다.

백제보 하류에서도 자치단체 환경보호과 직원 10여 명이 죽은 물고기를 수거해 강변 모래사장에 묻고 있었다. "죽은 물고기를 강변에 묻으면 또 다른 오염원이 발생하지 않느냐"고 묻자 "그런 사실이 없다"고 발뺌을 했다. 나는 그들이 보는 앞에서 모래바닥을 손으로 파헤치기 시작했다. 30여 마리의 물고기 사체가 드러났다. 강변 모래톱이 불룩한 곳을 돌아가면서 파헤치자 죽은 물고기들이 쏟아져 나왔다.

첫날 수거된 물고기는 1만 마리 정도였다. 당시 환경부가 200개의 포대를 사용해 160자루 정도를 수거했다. 물고기 사체의 무게는 약 10~20킬로그램에 달하는 포대를 기준으로 총 2.4톤. 폐사한 물고기 종은 눈치, 누치, 강준치, 모래무지, 끄리, 배스, 쏘가리 등이었다. 수자원공사는 1톤 차량을 이용하여 사체를 싣고 어디론가 사라졌다.

관계당국은 물고기 떼죽음의 원인을 정확하게 파악하지 못했다. 당시 현장조사를 온 정민걸 공주대학교 환경교육과 교수는 4대강 공사로 만든 보 자체가 물고기 떼죽음의 원인일 수 있다는 분석을 내놓았다. 작은 물에 사는 물고기는 급격한 수온변화에 예민한데, 보로 만들어진 저수지는 정체수역으로 수면이 넓어져서 수온상승이 빨라지고 수온하강이 느려져 과거보다 더 뜨거워진다. 수온변화가 완전히 달라지면서 물고기들이 미처 적응하지 못하는 일이 발생할 수 있다는 것이었다. 다른 한편 백제보가 없던 시절에는 오염물질 유입량(농도)이 문제가 없었지만, 백제보 때문에 인공저수지에 오염물질이 축적됨에 따라 문제를 일으킬 수 있다는 가능성도 내놓았다. 4대강 사업이 물의 움직임과 자정작용에 영향을 끼쳤기 때문에 과거에는 문제되지 않던 일상의 일들이 지금은 문제될 수 있다는 것이었다.

정부는 이를 인정하지 않고 뚜렷한 답변도 내놓지 못했다. 첫날 수거된 물고기가 100마리 미만이라는 허무맹랑한 발표만 내놨다. 속임수였다. 물고기 떼죽음의 진실을 감추려는 그들과 진상을 밝히려는 나의 지루한 싸움이 시작되었다.

공무원들은 오전 9시에 출근해 오후 6시가 되면 무슨 일이 있어도 퇴근을 한다는 규칙을 어기지 않는다. 그 허점을 파고들었다. 평소 친분이 있는 직원을 통해 환경부가 매일 같이 구입하는 포대의 숫자를 파악해나갔다.

#2일 : 5만 마리

둘째 날, 어스름한 새벽을 뚫고 오전 5시에 현장에 도착했다. 스산한 안개가 온몸을 축축하게 만들었다. 전날 수만 마리의 죽은 물고기를 건졌지만, 다시 찾은 부여군 백제보 하류 현장은 또다시 죽은 물고기로 덮여 있었다. 죽은 물고기를 세는 것이 불가능할 정도였다. 금강에 이렇게나 많은 물고기가 살고 있다는 것을 새삼 느끼기도 했다. 전날 수거된 물고기가 있을 법한 장소를 찾아다녔다. 차량이 들어갈 수 있는 장소와 수풀 언저리를 샅샅이 훑어나갔다. 그렇게 찾아낸 자루만 100포대 정도였다.

게다가 이날 오후까지 수거량은 200포대. 이 정도라면 총 3톤이었다. 마릿수로 따지면 5만 마리에 이를 터였다. 폐사한 물고기 어종도 전날에 비해 다양해졌다. 백제의 역사유적인 고란사, 선착장, 부여대교, 백제교 등에서 숭어, 눈치, 누치, 강준치, 모래무지, 끄리, 배스, 쏘가리 등이 치어부터 70센티미터가 넘는 성어까지 떼죽음을 당한 것으로 확인됐다. 사고 첫날 작성한 나의 첫 기사를 보고 기자들과 환경단체 전문가들이 몰려들었다. 현장은 시장바닥을 연상케 했고 환경부는 물고기 떼죽음 원인을 파악하지 못해 안절부절못했다. 전문가들은 물고기 떼죽음에 대해 다음과 같은 진단을 내놓았다.

"물고기 폐사 전주에 기온이 급강하고 일교차가 커졌다. 밤새 낮아졌던 수온이 한낮의 햇볕으로 상승할 때 표면적이 넓어져 정체수역으로 변한 백제보의 수온이 1도 이상

급상승했다. 이때 인공호수 전반에서 폐사가 발생했을 가능성을 배제하기 어렵다. 그 무렵에 폐사한 물고기들이 지금 대량으로 떠오를 수 있다."

"백제보 건설과 준설로 과거보다 수심이 깊어진 인공호에서 가을철에 윗물과 아랫물이 뒤섞이는 전도현상이 일어났다. 호수 바닥에 축적되어 있던 유기물이 수중으로 올라와 부패하고 산소고갈이 일어나 어류들이 폐사했을 수도 있다."

은빛 물결을 이루던 갈대도 숨을 멈췄다. 특히 오전 11시 30분께에는 사고지점인 백제교에서 약 25킬로미터 떨어진 황산대교(논산시 강경)에서도 육안으로 죽은 물고기가 확인될 정도였다. 떼죽음 현상이 하류로 확산되고 있었다. 백제보 하류와 부여대교 일대에서 수만 마리의 물고기가 떠올랐다. 특히 부여대교 선착장은 '죽은 물고기 천지'라고 표현해도 과언이 아니었다. 물고기 한 마리가 힘없이 수면으로 올라와 가쁜 숨을 몰아쉬었다. 죽은 물고기 사이를 잠시 휘젓고 다니는가 싶더니 곧 하얀 배를 드러내면서 떠올랐다.

물고기 떼죽음 사건 이후 수많은 사람들이 금강을 다녀갔

물고기 한 마리가 힘없이 수면으로 올라와
가쁜 숨을 몰아쉬었다.
죽은 물고기 사이를 잠시 휘젓고 다니는가 싶더니
곧 하얀 배를 드러내면서 떠올랐다.

다. 지역 주민부터 정치인, 관료, 학자, 언론인에 이르기까지 충격적인 상황을 확인하려는 발길이 이어졌다. 대부분의 사람들은 잠깐 들렀다가 코를 틀어막고 학살의 현장을 떠났다. 나는 진실을 기록하기 위해 이곳에 남아야 했다. 여기는 생지옥이었다.

#3일 : 3,500마리?

"물고기 폐사지점 상류 약 2킬로미터 지점에 있는 수질자동측정망 자료 및 용존산소량(DO), 생태독성 결과에도 특별한 이상이 발견되지 않았다. 따라서 물고기 떼죽음을 4대강 사업 때문이라고 단정할 근거는 없다. 현재 시료를 채수해 생태독성·중금속 등을 분석하고 있고, 국립과학수사연구원에 떼죽음과 독극물의 관련 여부 규명을 의뢰하는 등 정확한 원인을 파악중이다."

정부는 정확한 피해면적을 밝히지 않고 독극물 가능성을 내비쳤다. 특히 내가 일일이 셈을 한 물고기 사체 수보다 터무니없이 적은 숫자를 내놨다. 환경부는 "백제보 하류 약 1킬로미터 지점에서 물고기가 집중적으로 폐사해 하류 8킬로미터 지점까지 수거한 물고기가 3,500마리"라고 축소 발표했다.

정부의 의심처럼 만약 독성물질이 원인이라면 심각하고 끔찍한 일일 터였다. 원인불명으로 생명체가 대량으로 죽는다면 먼저 독성물질중독을 전제하고 재빠르게 국민들에게 공지해야 했다. 물고기 떼죽음이 발생하는 곳부터 하류까지, 중독됐을 수도 있는 물고기를 잡거나 먹지 않게끔 우선 계도해야 했다.

그러나 강에서 물고기를 잡거나 먹어서는 안 된다는 공지나 계도는 없었다. 물고기 떼죽음 사고에서 무엇보다 무서운 것은 정부의 안전불감증이었다. 사고처리 과정에서 주민안전을 위한 고려와 대책은 전혀 보이지 않았다. 오직 물고기 사체가 보이지 않게 '덮는 데'만 관심이 있는 듯했다. 물고기 떼죽음에 대한 국가 매뉴얼은 서류상으로만 존재했다.

물고기 집단폐사가 3일째 되자 4대강 사업을 반대해온 전문가들이 그 원인을 밝히려고 대거 몰려들었다. 부산가톨릭대학교 환경공학과 김좌관 교수와 4대강 초기부터 사진을 찍어 기록중인 박용훈 작가를 비롯해 시민환경연구소·4대강범국민대책위원회·대전충남녹색연합·대전환경운동연합 등 활동가들이 금강 물고기 떼죽음 현장을 조사했다.

"4대강 보 건설로 물이 정체되고 준설로 인해 수심이 깊어지면서 용존산소 고갈 현상이 일어나 폐사한 것으로 추정 된다."

정민걸 교수를 비롯해 김좌관 교수까지 전문가들은 비슷한 진단을 내놨다. 그런데 이들이 수질분석을 통해 정확한 진상을 규명하려고 물을 뜨려고 할 때부터 장대비가 쏟아졌다. 57밀리리터의 많은 비가 내렸다. 진상 규명은 어려워졌지만, 사실 반가운 비였다. 비는 물속에 용존산소를 공급하는 생명수와 같아서 집단폐사가 중단될 수도 있다는 기대감이 있었다.

#4일 : 트라우마

4일째, 정부는 느긋했다. 쓸쓸한 강변은 적막강산처럼 보였다. 전날 내린 비 때문에 물고기 떼죽음의 피해가 한풀 꺾이는 듯했기 때문이다. 하지만 전문가들은 일시적인 소강상태라고 했다.

이른 새벽부터 찾아간 현장은 수위가 상승함에 따라 사체가 강변 수풀 속으로 밀려들고 있었다. 게다가 그때까지 볼 수 없었던 파충류인 자라와 눈불개가 확인됐다. 눈불개는 백제교 인근 부여대교 하류까지 5킬로미터 정도 되는 구간에서 수거된 물고기의 절반가량을 차지했다. 눈불개는 주로

쓰레기차량에는 물고기의 사체가 가득 실려 나갔다

나는 그들이 보는 앞에서 모래바닥을
손으로 파헤치기 시작했다

강변에 수거된 자루를 풀어 헤쳐서 죽은 물고기의 숫자를 확인했다

한국·일본·중국 연안에 분포하는 것으로 알려졌지만, 국내에서는 극소수만 발견되는 종으로 강의 중간지점에서 살아간다.

널브러진 사체들은 생지옥을 연상케 했다. 온몸에 소름이 돋아났다. 전날 수거된 물고기가 강변에 그대로 방치돼 썩으면서 악취가 풍기고 파리가 들끓었다. 접근할 엄두가 나지 않았뉴스를 보고긴 물고기 토막들이 즐비했다. 물고기 떼죽음 소식을 듣고 아이들과 함께 현장을 찾은 시민들도 있었다. 아이들은 곳곳에서 소스라치면서 비명을 질렀다.

정부가 초기 대처를 제대로 하지 않아 피해가 더 확산됐다. 물고기는 살아 있을 때는 생태계를 건강하게 하는 중요 구성원이지만, 수많은 사체가 강에 방치되어 있으면 수질을 악화시키는 매우 위험한 유기오염물질이 된다. 결국 4대강 사업으로 바뀐 물의 움직임과 물고기의 생태에서 이번 떼죽음의 원인을 찾을 수밖에 없었다.

기온이 급격히 떨어지면 하구 깊은 곳에서 추위에 피하도록 적응됐던 완여울성 어류들이 하류로 내려가던 중 '백제보'라는 장애물에 막힌 것으로 보였다. 완여울성 어류들이 인공호에 갇혀 있다가 백제보의 전도현상으로 저층의 물이 위로 올라오자 질식했거나 수온의 급격한 변화로 죽었을 가능성도 있었다.

백제보에 있는 인공 어도魚道는 폭이 상대적으로 좁고 수온도 낮아 물고기들의 이동로로 부적합했다. 그런데도 환경부는 원인 파악은 뒷전이고 고장 난 레코드처럼 4대강 사업 탓이 아니라는 말만 되풀이했다. 이 과정에서 수거 작업에 동원된 일용직 노동자들은 트라우마에 시달렸다. 쓰쓰가무시병에 걸려서 병원에 다닌 직원도 있었다. 한 노동자는 이렇게 말했다.

"처음에는 악취에 머리가 아팠습니다. 이틀 동안 잠을 자지 못할 정도로 힘들었어요. 어제 다 수거했는데 오늘 또 이렇게 떠내려오면 어쩌나 싶더라고요. 이렇게 죽어나가다가는 강바닥 바위나 자갈 등에 사는 쏘가리도 씨가 마를 지경입니다. 매일같이 죽은 물고기가 꿈자리에 나타나고 밤이 무서워서 나다니지도 못했습니다."

죽은 물고기가 강물에 둥둥 떠다니고 강변에 수북이 쌓여 썩어가면서 악취가 진동했지만, 부여군에서 운행하는 유람선은 풍악을 울리며 관광객을 실어 날랐다. 정부가 물고기 떼죽음 사태를 은폐축소한 탓에 벌어진 일이었다. 관광객은 돈을 내고 악취가 진동하는 죽음의 강을 오가면서 코를 틀어막았다.

#5일 : 2.5톤 차량

5일째, 물고기 떼죽음은 하류 30킬로미터로 확산됐다. 환경단체는 환경부장관의 사퇴를 요구했다. 단체의 외침을 들었을까? 그동안 소극적이던 환경부가 이날은 국토부, 부여군, 소방서, 수자원공사 등에서 대규모 인력을 동원했다. 이날 투입된 수거인원은 150여 명이었다. 백제교 인근에서 하류 10킬로미터 지점까지 수거인원이 배치돼 좌·우안에서 작업을 했다. 강 중앙에서는 보트를 동원했다. 5일이 지나서야 본격적으로 움직인 셈이었다.

환경부는 '독극물과 바이러스'에 의한 가능성을 배제하지 않으면서도 폐사된 물고기를 부여군 위생매립장으로 보내 매립하고 있었다. 독극물과 바이러스에 의한 폐사라면 지하수 오염을 막기 위해 소각해야 한다. 이 때문에 환경부가 원인을 밝히기도 전에 섣부르게 대응하고 있다는 지적도 나오기 시작했다.

"와, 엄청 죽었네."
"냄새… 장난 아니다."

처음으로 투입된 수거팀이 강가에 도착했을 때 여기저기서 "웩, 웩" 소리가 터져 나왔다. 부여군 백제보 인근에는 전날 수거에도 불구하고 죽은 물고기가 다시 떠올랐다. 강에서는 숨쉬기가 거북할 만큼 역한 냄새도 났다. 특히 하류지점인 정암리, 현북리 부근에는 다른 곳과 비교할 수 없을 정도로 많은 물고기가 강변에 널브러져 있었다. 강 중앙에도 떠내려가는 물고기 사체가 많았다.

죽은 물고기 어종도 갈수록 다양해졌다. 그동안 주종을 이루었던 눈치, 누치, 강준치, 모래무지, 끄리, 배스, 쏘가리, 눈불개, 그리고 자랏과의 파충류 외에도, 오염원에 강하고 산소가 부족해도 살 수 있는 것으로 알려진 메기, 붕어, 미꾸라지 등도 확인됐다. 강에 사는 모든 어종이 죽어가고 있었다.

작업자들은 후미진 곳이나 접근이 어려운 강 중앙의 하중도에 수거한 물고기 포대를 감추기 시작했다. 감시의 눈을 피해 대대적으로 은폐하기 시작한 것이다. 취재해보니 환경부는 그동안 하루 50개, 100개 정도로 구입하던 수거 포대를 이날 800여 개로 늘린 것으로 확인되었다. 죽은 물고기를 옮기는 차량도 수자원공사 1톤 차량에서 부여군 2.5톤 쓰레기 차량으로 바꿨다. 그만큼 피해규모가 커졌다는 뜻이었다. 나는 강변에 수거된 자루를 파악하고 그중 서너 자루를 풀어헤쳐서 죽은 물고기를 하나둘 헤아려가며 숫자를 확인했다.

#6일 : 냄새는 숨길 수 없다

불길에 휩싸여 온몸이 타는 듯한 고통을 느끼는 초열지옥이 있다면, 여기는 온통 죽은 물고기가 썩어가며 풍기는 악취로 가득한 강지옥이라고 할 수 있으리라. 사고 발생 6일째, 죽음은 무섭게 퍼져갔다. 금강 수면에 떠오른 폐사한 물고기를 수거하고 돌아서면 다시 떠올랐다.

백마강·구드레나루터 건너편에 갔더니 죽은 물고기를 담은 포대 200여 개가 널브러져 있었다. 새벽시간임에도 가까이 다가가자 심한 악취가 났다. 포대에서는 침전물이 바닥으로 흘러나왔다. 죽은 개체 수를 확인하기 위해 그중 세 포대를 풀어헤치자, 젓갈이 썩어가듯 고약한 냄새가 코를 찔렀다. 한 포대에 담긴 물고기는 모두 219마리였다. 또 다른 포대는 275마리, 쌓여 있는 포대에 담긴 물고기만 어림잡아 약 4만 여 마리였다.

다시 백제보 인근으로 자리를 옮기자 전날과 비슷한 상황이 벌어졌다. 물고기 사체를 수거한 포대가 강변 5~10미터 지점마다 30여 개씩 놓여 있었다. 여기에 더해 상류 쪽에 모아놓은 50여 포대가 추가로 보였다. 다시 한 포대를 골라 마릿수를 세어보았다. 작은 물고기까지 280~300마리를 훌쩍 넘어섰고, 대략 2만 마리로 추산됐다.

전날 국토부와 환경부, 소방서가 집중수거를 한 부여군

장하리 폐준설선이 있는 곳으로 이동했다. 여전히 죽은 지 3~4일이 지난 것으로 보이는 사체들과 함께 힘없이 죽어가는 물고기가 물가에 떠밀려 와 있었다. 이곳에서 발견한 포대는 130여 개에 달했다. 대략 3만 마리에 이르는 양이다.

이날 오전 10시경 관계기관 수거팀이 현장에 도착했다. 전날과 비슷하게 부여군, 환경부, 수자원공사 등에서 150여 명이 투입됐다. 화물차량에는 포대가 가득 실려 있었고 금강의 물고기 씨가 말라간다는 이야기가 터져 나오고 있었다.

그다음에는 보행교가 있는 부여군 사산리를 찾았다. 이곳은 준설로 인해 강변 모래가 사라지고 펄층이 드러나 안전사고가 우려되던 곳이다. 부여군 소속이라고 밝힌 수거팀이 물 가장자리에서 보호장비도 없이 자루와 집게만으로 수거를 하고 있었다. 그때였다. 뒤를 밟으며 사진을 찍는 나의 행동이 거슬린 모양이었다.

"강아지 새끼도 아니고 왜 따라다녀."
"개새끼 물속에 처박아버릴까보다."
"새끼가 어디다가, 죽고 싶어 간이 배 밖으로 나왔네."

서너 명의 직원이 몰려들어 금방이라도 나를 때릴 것처럼 위협했다. 상의를 벗어 던진 사내의 눈은 핏발이 서서 섬뜩

했다. 구릿빛 등판과 어깨가 땀으로 번들거렸다. 4대강 공사 초기에 그랬듯이 나는 살기 위해 카메라 셔터를 눌렀다. 그들의 얼굴을 하나하나 기록했다. 물고기를 집던 집게가 나를 향해 날아오는 것을 보고 옆으로 피했다. 여기서 물러서면 끝이었다. 그는 흥분을 가라앉히지 못하고 세상 쌍욕을 다 퍼붓다가 자리를 피했다.

마지막으로 논산시 강경읍 황산대교를 찾았다. 강변에 쌓인 논산시 쓰레기봉투에 물고기 사체가 가득했다. 이날 백제보에서 황산대교까지 약 30킬로미터 구간을 차량으로 이동하면서 간간이 직접 확인한 물고기 포대만 약 500개로, 어림잡아 10만 마리에 달했다. "죽은 물고기가 없다"는 수거팀의 답변을 떠올리자 씁쓸했다.

물 반 고기 반, 물 반 모래 반이었던 금강이다. 물속에 물고기와 모래가 없어진 강변엔 죽음의 냄새가 가득했다. 물고기 사체 포대를 몇 개 더 숨길 수는 있어도, 악취까지 제거할 수는 없었다. 죽은 물고기가 없다고 거짓말을 해도 나는 취재수첩과 카메라를 들던 손으로 미친 듯이 진실의 포대를 캐고 또 캤다. 나도 제정신이 아니었다.

#7일 : 씨메기의 죽음

물고기 떼죽음이 7일째 되던 날 새벽이었다. 시간이 흘렀지만 여전히 그날을 생생하게 기억하고 있다. 논산시 강경읍 황산대교를 확인한 다음 어스름한 안개가 뒤덮인 부여군 장하리 강가에서 죽은 물고기를 확인하면서 걸었다. 오전 8시 40분경에 물속에 어렴풋이 보이는 커다란 물체를 발견했다. 심장이 멎을 듯 놀라서 뒷걸음질 쳤다. 사람의 주검으로 보였기 때문이다.

마음을 가라앉히고 다시 들여다보니 초대형 메기였다. 죽은 지 하루 정도 지난 듯 보였다. 아무도 없는 그곳에서, 가슴까지 차오른 물속에서 혼자 메기를 끌고 물가로 갔다. 물속에서는 메기 사체를 이동시키는 데 큰 어려움이 없었지만, 물 밖으로 끌어올리는 데는 실패했다. 표면이 미끈거리기도 했지만, 무게가 엄청났다.

40킬로그램 정도였다. 사진을 찍어서 빨리 이 소식을 알리고 싶었지만 혼자서는 불가능했다. 새벽녘에 만났던 환경단체 활동가에게 전화해서 와달라고 도움을 요청했다. 그는 오전 9시 40분께 다른 언론사 취재진과 국토해양부 수거팀과 함께 현장에 도착했다. 모두들 충격적인 상황에 놀라서 벌어진 입을 다물지 못했다. 대형 메기 앞에 모여 한마디씩 했다.

"사람도 잡아먹게 생겼다."

"태어나 본 민물고기 중 가장 크다."

"이건 씨메기인데. 금강 물고기 씨가 마른 것 아냐."

기자들뿐만 아니라 수거팀도 현장 상황을 정리하지 않고 사진부터 찍기에 바빴다. 수거팀은 본분을 잊고 인증샷을 찍은 뒤에야 강변 모래 풀숲에 메기를 옮겨놓고 또 한마디씩 했다.

"매운탕 끓이면 한마을 잔치하고도 남겠다."

"오늘 점심은 메기 매운탕으로 먹어야겠다."

그런 말을 듣자 부아가 돋았다. 죽음 앞에서 시시덕거리는 그들은 악마였다. 수거에 동원된 국토부 직원들은 최상위 포식자를 연상케 했다. 한 마리 야수처럼 수풀에 앉아서 쉬거나 셀카를 찍었다. 그들은 마치 야유회에 나온 것처럼, 주검이 넘쳐나는 현장에서 희희낙락했다. 상류 백제보와 인근 백제교, 부여대교에서 떠오르던 물고기가 주춤한 대신 10킬로미터 하류인 장하리와 주변에서 연일 피해가 지속되고 있는데도 개의치 않았다. 환경부 수거팀 역시 "며칠 동안 매일 100여 포대 이상을 수거했는데도 죽은 물고기가 갈수록 많

사람 키만 한 초대형 씨메기의 사체

아지고 있다"며 푸념을 늘어놓을 뿐이었다. 나는 그 말을 들으며 강변에 홀로 선 버드나무만 만지작거렸다.

#8일 : 물이 썩기 시작했다

8일째 되던 날부터 사태는 또 다른 방식으로 확전됐다. 부패한 물고기가 물속으로 가라앉기 시작했다. 백제보를 기점으로 부패한 물고기가 가라앉으면서 물이 썩기 시작했다. 물고기를 수거한 자루에서도 침전물이 흘러 강을 오염시켰다. 이에 대전, 충남, 충북, 전북 등지의 60여 개 환경단체는 "금강의 생명과 환경을 포기한 환경부는 더 이상 환경부가 아니다"라며 4대강 수문개방을 요구하고 나섰지만 정부의 대응은 없었다.

충청남도의 늑장 대응도 도마에 올랐다. 8일째에 접어들어서야 충청남도 관계자가 처음으로 현장을 방문했다. 수질관리과와 취수방재과, 충남보건환경연구원, 도지사 환경특보, 충남도 산하 금강비전위원회 관계자 등 10여 명은 27일 오후에야 부여군 금강 현장을 찾았다. 그들은 안희정 충남도지사가 방문해야 할지를 놓고 고민하기도 했다.

이날 현장에서 만난 전문가는 "살아 있는 강이 아니라 죽은 강으로 변해버렸다"고 말했다. 가장 유력한 원인은 산소부족에 의한 질식사로 보여서, 이를 규명하기 위한 데이터를 찾아내는 게 남은 과제라는 입장을 밝혔다. 그는 물고기 사인에 대한 조사와 바닥층 상태, 수질 등을 검사해야 한다며, 이런 시도를 하다보면 물고기 폐사의 객관적 원인을 밝힐 수 있을 것이라고 말했다.

충남보건환경연구원 측은 이날 오전 수질분석을 위한 시료를 채취했다. 이날 채취한 물고기와 수질분석을 통해 충청남도는 "4대강 사업 이후 깊어진 수심에 용존산소 고갈이 발생하여 집단폐사한 것"이라고 발표했다.

금강 물고기 떼죽음과 씨메기 사체를 특종 보도한 나에게는 또다시 저주가 쏟아졌다. 4대강 공사현장을 취재하면서 들었던 말과 비슷했다. 이번에는 전화기가 불났다.

"사람이 죽은 것도 아닌데 물고기 몇 마리 죽은 게 무슨 난리라고…"

연일 이어진 물고기 떼죽음 기사를 보고 걸려온 대부분의 전화 내용은 날카로운 칼날처럼 가슴에 파고드는 독설이었다. 그때부터 밤에 잠을 자지 못했다. 물고기가 죽어가며 첨벙거리는 소리가 환청으로 들리기 시작했다. 차를 운전하다가도 문득 죽은 물고기가 눈앞을 스쳐 지나갔다. 빳빳하게 굳은 물고기의 눈에선 피눈물이 흘렀다. 내 몸에서 소름 돋는 악취가 풍겼다. 이를 악물고 매일같이 약물에 의지해야 했다. 생지옥은 계속됐다.

#9일 : 5톤 차량

물고기 떼죽음이 9일째에 이르자, 수거한 사체만 수십만 마리였다. 이날은 대규모 인력이 동원돼 수거작업을 했다. 오후에 국토해양부 장관이 현장을 방문한다는 소식이 돌면서 금강유역환경청이 공무원을 동원한 것이다. 하지만 장관은 이날 현장을 찾지 않았다. 청와대 행정관이 백제보를 다녀갔다는 소문만 무성했다.

처음 물고기가 죽어서 떠오르기 시작한 날부터 수거된 물고기가 수십만 마리에 육박하는 것으로 집계됐다. 백제보 상류 3킬로미터 지점에서 시작된 물고기 떼죽음이 황산대교(논산)까지 확산된 것으로 관계기관과 언론을 통해 알려졌지만, 내가 직접 취재한 결과 웅포대교(익산)와 서천하굿둑(군산)까지 확산된 터였다. 이를 증명하듯 환경부 산하 익산환경청이 인력을 동원해 수거에 나선 것으로 확인됐다.

물고기 떼죽음 사태는 이날을 기점으로 한풀 꺾였다. 하지만 이날도 환경부, 수자원공사, 부여군, 논산시, 해병전우회, 환경관리공단, 부여소방서 등에서 인력과 보트 네 대가 동원돼 총 100여 명이 1,000포대 이상의 물고기 사체를 수거했다. 산의 가랑잎만큼이나 많던 물고기가 다 사라져가고 있었다.

자포자기하듯 이날부터 정부는 발을 빼기 시작했다. 환경부는 "오늘까지 수거하고 내일부터는 자원봉사자나 자치단체에 맡길 예정"이라고 했다.

하지만 악몽은 계속됐다. 금강에서 폐사한 물고기를 수거하는 과정에서 오염된 물고기 침출수를 다시 금강으로 쏟아붓는 일이 발생했다. 바람이 세차게 불어오는 어두컴컴한 부여군 장암면 장하리 강변이었다.

이날 수거팀은 부여군 환경보호과에서 제공한 5톤 청소차량에 약 1,000포대 정도의 폐사 물고기를 실었다. 청소트럭 배치는 전날 내가 일반트럭으로 수거작업을 벌이면서 침출수가 그대로 흘러내려 2차 오염이 우려된다고 지적한 데 대한 반응이었다. 침전물이 흐르지 않는 수거차량이 처음으로 현장에 배치된 것이다.

그런데 막상 운전자는 차량 밸브를 열어 차량 적재함에 고여 있던 물고기 침출수를 그대로 강물에 방류했다. 강으로 유입된 침출수에서 역한 냄새가 풍겼다. 그 모습을 보고 내가 나서서 밸브를 잠그라고 요구하자 그는 마지못해 황당한 일을 그만뒀다. 하지만 수거차량 관계자는 수거된 포대가 차량에 다 실리자 또다시 밸브를 열어 침출수를 하천에 방류했다.

당시 현장에는 금강환경청 소속 직원 등 10여 명이 있었지만 누구도 이를 제지하지 않았다. 이날 현장에 있던 계약직 금강지킴이의 눈물이 터졌다. 서러움에 북받친 그는 "죽어가는 물고기 세 마리를 살리려고 집으로 옮겨서 애쓰고 있는데… 금강에 나올 때마다 물고기들이 떼죽음을 당해 있어 너무 마음이 아프다"며 닭똥 같은 눈물을 쏟았다.

내 눈물샘도 터졌다. 우리는 서로를 부둥켜안고 강변이 떠나가라 목소리를 높여 울었다. 나는 그날 퉁퉁 부은 눈으로 강변에서 기사를 쓰고 죽음의 잔해가 남아 있던 풀밭에 쓰러져 아침을 맞았다. 그날은 악몽을 꾸지 않았다. 한숨도 자지 못했기 때문이다. 썩은 내가 풍기는 강변에서 나 혼자 살아 있다는 것이 악몽이었고 치욕이었다.

#10일 : 60만 마리

10일째, 밤을 새우다시피 하고 곧바로 달려간 강변에는 구더기와 파리가 들끓었다. 물살에 흐물거리며 떠다니는 부패한 사체만 보였다. 강변에 방치된 70여 개의 자루에서는 사체 침전물이 흘러나오고 있었다. 사람의 접근이 어려운 석성면 봉정리 부근 풀숲과 물 흐름이 약한 곳이면 어김없이 물고기 사체가 널브러져 있었다.

강변은 전날 보트에서 볼 때와는 비교도 안 될 정도로 심각했다. 야생동물에게 먹혀 머리가 사라진 사체, 녹아내리면서 뼈만 앙상하게 남은 사체, 썩어서 구더기가 파먹고 있는 사체까지 차마 눈 뜨고 볼 수 없을 처참한 지옥이었다. 젓갈 국물 같던 강물에는 녹조가 생기고 있었다. 이것들이 다 뒤섞이면서 강물은 거무튀튀한 누런색으로 변했다.

초동 대처가 미흡해 사고를 키웠는데도 환경부의 입장은 어처구니가 없었다.

"죽은 물고기 수만 마리 중에 90퍼센트 이상은 수거를 한 것 같다. 인간으로 할 수 있는 최선을 다했다."

집단폐사 규모가 상상을 초월했지만 환경부는 끝까지 '용존산소 고갈에 의한 질식사'는 인정하지 않았다. 서슬 퍼런 정권에서 4대강 사업의 부작용을 인정하고 싶지 않았던 것이다. 환경부는 사고 원인을 인정하지 않고 규모를 축소하는 데 급급해서 물고기 사체가 하류로 퍼져나가는 것을 막지 못했다.

물고기 사체의 단백질이 부패하면서 질산성 질소 농도가 높아졌다. 질산은 물고기 생체에 흡수된 뒤 아질산성 질소로 변하여 혈액 내 헤모글로빈과 결합한다. 그나마 남아 있던 물고기들이 또다시 질식으로 집단폐사했을 가능성이 있었던 셈이다. 당시 백제보 하류의 수질악화를 초래한 환경부에 책임을 물어야 한다는 지적이 있었지만, 책임지는 사람은 없었다.

오히려 수자원공사, 부여군, 충남도, 국토해양부, 환경부 등 모든 관계기관이 관할권을 떠넘기며 책임을 회피하기만 하여 사태를 키웠다. 환경부는 주민들에게 물고기를 잡거나 섭취하지 않도록 고지하는 등 주민 안전에 대한 조치를 전혀 하지 않았다. 심지어 물고기 떼죽음이 진행되는 와중에 낚시를 하는 사람들을 방치하기까지 했다.

> "4대강 사업으로 인한 과도한 준설로 수심이 깊어지고 보가 물의 흐름을 막으면서 산소가 부족해 질식사했다."

금강을 다녀간 전문가들이 이구동성으로 내린 진단이다. 2012년 충남 부여군 백제보 상·하류에서 시작된 물고기 떼죽음으로 환경부 추산 5만 4,000마리, 충남도민관합동조사단 조사결과 30만 마리 정도가 피해를 입었다는 것이 공식 집계다. 하지만 13일간 현장을 지키며 내가 파악한 수거량은 60만 마리 이상이다. 정부 측 주장대로라고 해도 물고기 떼죽음 사태로 금강에는 물고기 씨가 말라버렸다. 금강 물고기 떼죽음은 "4대강 사업으로 인한 인재"라는 환경단체와 "원인은 알 수 없지만, 4대강 사업이라고 단정할 근거가 없다"며 맞서는 환경부 사이에 커다란 시각차가 존재했다.

누가 거짓말을 하는 것일까? 떼죽음당한 물고기 숫자에 눈을 감았던 그들은 그 많던 물고기가 사라진 진짜 이유마저 애써 외면했다. 말없는 금강은 썩은 냄새를 풍기며 누런 몸으로 진실을 드러내고 있었다.

정신과 치료를 받다

물고기 떼죽음 현장은 내가 난생처음으로 겪은 생지옥이었다. 취재를 마치자 그간의 고통이 한꺼번에 밀려왔다. 만나는 사람들마다 내 몸에서 썩은 냄새가 난다며 멀리했다. 하루에도 서너 번을 살갗이 벌겋게 벗겨질 정도로 문질러 씻었다. 하지만 몸의 악취는 사라지지 않았고 머리가 빠개질 듯 밀려오는 두통은 줄어들지 않았다.

매일 밤마다 가위에 눌렸다. 눈을 감으면 떼죽음을 당한 물고기 사체가 온몸이 부풀어오르거나 쪼그라든 채 색이 바랜 모습으로 금강을 새까맣게 뒤덮고 있었다. 배가 터진 물고기, 머리 없는 물고기, 눈알이 파인 물고기, 상처 난 부위마다 들끓는 구더기와 파리, 부패된 주검에서 흐른 체액이 주변에 검은 자국을 남겼다. 끔찍했다. 꿈이라고 하기엔 너무 생생했다. 악몽에서 깨면 두통이 시작됐다. 매일 밤마다 아무도 없는 빈 방에 홀로 앉아 한숨과 회한, 불안과 분노가 뒤섞인 시간을 보내야만 했다.

이게 끝이 아니었다. 공포증도 생겼다. 나뭇가지나 사물의 그림자가 죽은 물고기 모양으로 보여서 소스라칠 지경이었다. 사방이 환하지 않으면 무섭고 두려웠다. 한낮에도 자동차 실내등을 켜고 달리고, 집 안의 모든 형광등을 켜고 지냈다. 생지옥 취재현장이 떠올라 잠들지 못하는 날이 길어지면서 잠을 자다 몸을 떨고 깜짝깜짝 놀라는 버릇도 생겼다. 끝내 공주에 있는 한 정신과를 찾았다.

"큰 병원으로 가보세요."

일주일 이상 다닌 병원 의사는 이 지역에서는 치료가 어렵다고 했다. 대전에 있는 큰 병원을 추천하며 소견서를 써줬다. 나는 한 달간 약을 먹으면서 정신과 치료를 받았다.

하지만 나를 더 힘들게 한 것은 물고기 떼죽음 기사에 달린 악플과 매일같이 하루 40~50통 걸려오는 항의전화였다.

"물고기 죽은 거 가지고 뭐 그렇게 요란이냐!"
"왜 양반도시를 비난하고 비판만 하느냐?"
"가만 놔두지 않겠다. 밤길 조심해라!"

팔도의 온갖 욕지거리를 다 들었다. 차라리 내 앞에 나타나 죽여달라고 소리쳤다. 혼자 감당하기엔 무서웠다. 경찰에 수사를 의뢰할 생각이었지만, 경찰은 포기하는 게 좋을 거라고 충고했다. 사람들과의 만남도 멀리했다. 밤길은 무서워서 나갈 생각도 못했다. 그걸 알아챈 것일까? 평소 알고 지내던 후배가 이렇게 기사에 댓글을 달았다.

"내가 아는 김종술 기자는 진실된 사람이다. 허투루 기사 쓰는 사람이 아니다. 김 기자야말로 금강을 사랑하고 지켜나가는 요정이다. 보지도 않고 함부로 평가하지 마라."

거짓말처럼 악플이 사라졌고 항의전화도 잦아들었다. 그때부터 주변 사람들이 우스갯소리로 나를 '금강요정'이라고 불렀다. 멋쩍어서 손사래를 치기도 했지만, 그대로 두기로 했다. 이 또한 지나갈 것이기에.

환경부는 당시 물고기 떼죽음을 '원인불명'이라고 발표

강변 풀숲에서 잠을 잘 때면
그때 만났던 물고기들의 눈동자가
나를 응시하고 있는 것 같다.
버드나무에 걸려 죽은 물고기,
갈대를 기어오르는 구더기가
나를 잠 못 들게 한다.

했다. 독성물질이 발견되지 않았고 바이러스 등 병에 감염된 흔적도 보이지 않았다는 것이다. 산소부족으로 인한 질식사 가능성도 부인했다. 용존산소량이 정상치로 나왔다는 것이다.

그럼에도 그날 이후 금강에서는 '원인 불명'의 물고기 떼죽음이 반복되고 있다. 수십만 마리에서 수만, 수천, 수백 마리로 숫자만 줄었을 뿐 지속적으로 발생하고 있다. 세계적인 어류학자는 "금강이 원래의 흐르는 강으로 돌아가기 전에는 모든 물고기가 죽어야만 폐사가 끝날 것"이라고 충격적인 말을 했다.

죽은 물고기, 악취 나는 강변, 시간이 흐르면 사라지리라 생각했던 나의 악몽도 재발했다. 죽은 물고기가 강물을 뒤덮은 듯한 환각에 빠진다. 죽은 물고기 속살을 파먹는 구더기가 꿈틀거리던 소리가 환청으로 들린다. 강에 미쳤으니 굿이라도 해서 물귀신을 쫓아내야 한다는 말에 솔깃할 정도다.

나는 요즘도 병원에서 처방받은 두통약과 타이레놀을 달고 산다. 고통을 이겨내지 못하고 정신과 신경과를 찾을 때마다 스트레스 때문이라는 말뿐 뚜렷한 해답은 없다. 최근에는 타이레놀에 내성이 생겨서 약을 먹어도 통증이 사라지지 않는다. 여전히 가끔씩 잠을 자다가 소스라치게 놀란다.

강변 풀숲에서 잠을 잘 때면 그때 만났던 물고기들의 눈동자가 나를 응시하고 있는 것 같다. 버드나무에 걸려 죽은 물고기, 갈대를 기어오르는 구더기가 나를 잠 못 들게 한다. 죽은 수십만 마리의 물고기 원혼이 금강을 떠나지 못하고 배회하는 것 같다. 이 끔찍한 악몽이 언제쯤 사라질지, 그날을 위해 오늘도 금강에 나간다. 강변 금빛 모래톱에서 아이들이 뛰놀고 물속에 뛰어들어 헤엄치는 날을 꿈꿔본다.

금빛 모래톱의 역사

나는 지난 10년간 금강이 이름뿐인 '4대강 살리기' 사업에 난도질당하는 것을 목격했다. 이명박 정부는 중장비로 무장하고 특공작전을 펼쳐가며 강의 밑바닥까지 파헤쳤다. 수백 년간 퇴적된 강모래는 사람들이 사는 마을로 옮겨졌다. 4대강 사업으로 남산의 11배에 해당하는 4억 5,000만 세제곱미터를, 금강 사업지구만 해도 4,767만 세제곱미터나 퍼냈으니, 그 규모를 가늠하기 어려울 정도다.

주민들의 고통은 그때부터였다. 흙먼지를 뒤집어쓰고도 하소연을 하지 못했다.

"새벽 6시에 꽝꽝거리며 대형 차량의 문짝을 여닫는 소리가 나면 깜짝 놀라 몸서리가 쳐진다우. 썩은 모래를 집 앞에 산처럼 쌓아놓았을 때는 냄새 탓에 머리가 지끈지끈해. 집에서도 마스크로 코를 막고 살았지. 밖에 널어둔 빨래를 입고 피부병에 걸렸는지 몸이 가려워 약을 달고 살았다니까."

4대강 준설토 야적장이 있던 부여군에서 만난 한 할머니의 말이었다. 바람에 날리는 모래 때문에 창문은커녕 장독대도 열지 못했다. 모래산에 가로막혀 마을방송 소리도 제대로 들리지 않을 정도였다. 모래를 옮길 때면 주민 피해가 더 심각했다. 대형 차량이 마을 진입로를 차지했고, 모래 선별기는 뿌연 먼지를 풍기며 쉴 새 없이 돌아갔다. 소음과 먼지에 시달리다 못한 사람들은 새벽이면 보따리를 싸서 읍내로 피난을 떠났다가 밤에 돌아왔다. 그들에겐 한 푼의 보상금도 주어지지 않았다.

강에서 퍼낸 준설토를 쌓은 곳은 이전에는 농지였다. 하지만 이제 작은 웅덩이로 변했고 수면에는 썩은 녹조가 가득하다. 남아 있는 모래에도 녹조가 덕지덕지 붙어 있었다. 모래가 빠지면서 웅덩이의 수위가 낮아진 듯했다. 아래쪽 적치장에는 흙탕물이 가득한 큰 웅덩이가 생겨났다. 이 웅덩이의 물은 농수로로 흘러간다. 아래쪽 논도 곳곳에 물이 고여 볏짚이 깔려 있었다.

금강변 28가구가 옹기종기 살아가는 작은 마을이라 주민들은 공동우물과 지하수를 식수로 사용한다. 그런데 환경부 토양지하수과에서 수질조사를 실시한 결과, 공동우물과 가정집 13가구의 지하수에서 질산성 질소와 대장균이 기준치를 초과했다. 결국 식수 '부적합' 판결이 나왔다.

주민들은 마을에 쌓아두었던 4대강 준설토 때문에 지하수가 썩었다고 주장했다. 준설토의 오염된 침전물이 지하수로 흘러 들어갔다는 얘기다. 주민들은 또한 식수 공급과 상수도시설 확보를 서둘러달라고 요구했다. 하지만 자치단체는 환경부 조사에서 이곳 외에도 많은 곳에서 먹는 물 부적합 판결이 나온 만큼 4대강 사업과 연관성을 짓기는 어렵다고만 했다.

이명박 전 대통령은 일찍이 후보자 시절에 내건 한반도대운하 공약이 논란이 되자, 국민 세금은 한 푼도 들이지 않고 강바닥을 파서 얻은 모래로 수익을 내겠다고 했다. 그러나 모래를 판매해 수익을 내겠다는 계획이 원활하게 진행되지 않자, 4대강의 모래가 쓰레기였다는 황당한 말을 늘어놓았다. 2015년 출간된 회고록 《대통령의 시간》에서 그는 이렇

모래를 파낸 강은 제 빛을 잃었다.
물고기들은 산란장을 잃었고,
그 많던 조개들은
덤프트럭에 실려
적치장으로 사라졌다.

게 말했다.

"강바닥에서 나온 쓰레기 총량은 286만 톤에 이르렀다. 덤프트럭 19만 대 분량으로 남산 몇 개만큼의 규모였다… 쌓인 쓰레기 위에 모래가 덮이고, 그 위에 다시 쓰레기를 버리는 일이 반복되면서 우리의 4대강은 엄청난 양의 쓰레기 위를 흘렀던 것이다."

그런데 원래 모래와 자갈은 하천 아무 곳에서나 채취하는 것이 아니다. 하천의 지형과 물의 흐름에 따라 굵기와 질이 다른 퇴적물이 발생하기 때문에 적당한 곳의 골재만 채취한다. 따라서 강을 일정 깊이로 모두 파낸 뒤 준설한 것을 전부 골재로 팔겠다는 건 애초에 망상에 지나지 않았다.

또 골재의 공급은 수요에 맞추어져야 한다. 따라서 4대강에 쌓여 있던 골재를 한꺼번에 모두 퍼 올렸을 때 수요를 찾지 못한다면, 골재가 쌓여 있는 것은 당연하다. 더구나 건설경기가 침체된 때에는 수요처를 찾기가 더욱 어렵다. 이 때문에 몇 년이나 묵은 준설토가 농지에 쌓여 있는 모습을 곳곳에서 볼 수 있었던 것이다. 강바닥에서 쓰레기가 나온 것이 아니라, 오히려 4대강 사업이 모래를 쓰레기로 만든 것이다.

땅도 썩고 강도 썩었다. 모래를 파낸 강은 제 빛을 잃었다. 사람들이 뛰어놀던 평평한 모래밭은 30~40도 가파른 계곡으로 변했다. 곳곳에 드러난 모래사장으로 황금빛을 띠었던 금강은 소오줌 색깔로 변했다. 물고기들은 산란장을 잃었고, 그 많던 조개들은 덤프트럭에 실려 적치장으로 사라졌다. 그마나 물속에 남아 있던 조개들도 시궁창 펄 속에 박혀서 질식해가고 있다.

골재 채취사업의 아이러니

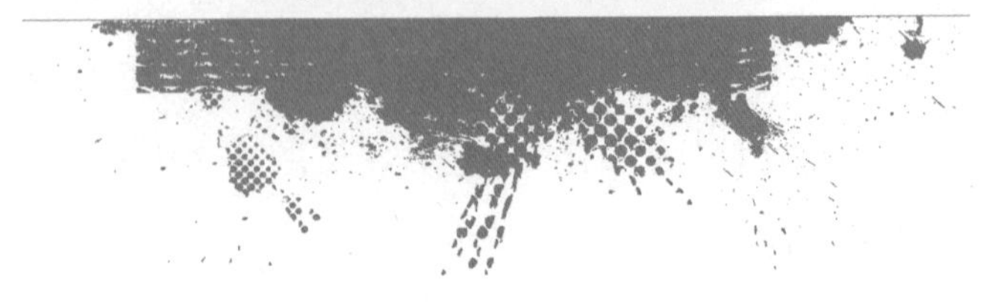

공주보 하류 강변 비포장도로가 뽀얀 먼지로 휩싸였다. 대형 덤프트럭이 강변도로와 농로를 줄지어 내달리면서 발생한 것이다. 육상골재를 채취중인 곳에는 중장비 소음이 가득했다. 커다란 굴착기가 골재를 선별기에 넣어 모래와 자갈을 분리했다. 또 다른 굴착기는 줄지어 들어선 대형 덤프트럭에 골재를 퍼 올렸다. 뒤뚱거리며 달리는 차량에서는 채 빠지지 않은 흙탕물이 줄줄 흘러내렸다.

공주시 우성면 옥성리는 4대강 사업 당시 상습침수지역으로 규정되어 강에서 퍼 올린 모래를 쌓았던 곳이다. 2010년부터 한국농어촌공사는 국토부의 위임을 받아 4대강 공사로 인한 농지 침수지구를 대상으로 막대한 예산을 들여 농지 리모델링 사업을 진행했다. 4대강에서 퍼낸 자갈이나 모래 따위의 골재를 농경지에 수 미터씩 복토(흙덮기)했다. 당시 '옥성지구 농경지 리모델링 사업'의 해당구역 면적은 57.24헥타르, 수혜 면적은 50.77헥타르였다.

국토해양부의 위임을 받은 농어촌공사가 이 사업을 진두지휘했다. 한국농어촌공사 4대강 사업단장은 농경지 리모델링 사업을 이렇게 홍보했다.

"4대강의 준설토 활용으로 강은 수심이 깊어지고 땅은 높아져서 좋으며 농민은 침수피해 걱정을 덜 수 있어 일석삼조다. 앞으로 하천유역 농경지들은 농경지 리모델링으로 농가소득이 높아지고 농지가치도 상승해 효자 땅으로 변모할 것이다."

한국농어촌공사는 농민들이 2년간 농사를 짓지 못하는 데 대해 농지보상금으로 40억 원, 평탄 작업과 농수로 건설 비용으로 40억 원, 기타 비용까지 총 119억 원을 투입했다. 성토공사 용지가 180만 세제곱미터에 달하는데다, 용수로 구조물 42개소, 배수로 구조물 43개소, 양수장 1개소를 짓는 대규모 사업이었다. 그런데 이상한 일이 벌어졌다. 농지보상이 끝나고 다음 해부터 농지에 쌓아 올렸던 골재를 다시 퍼 가는 일이 벌어진 것이다. 현장에서 만난 한 주민은 이렇게 귀띔해주었다.

"이 제방 아래쪽은 상습침수지역은 아니었어유. 그런데 4대강 사업 당시 강에서 나온 골재를 처리하지 못해서 이곳에 쌓았지. 내 기억으로는 7~10미터 정도 높였나 싶어. 그런데 강 골재라 모래와 자갈이 많아서 영양분이 없어 식물재배는 어려웠지. 이게 다 정부와 골재 사업자가 순진한 농민들을 꼬드겨서 벌어진 일이유."

그는 4대강 사업을 하면서 쌓은 제방이 다시 허물어지고 있다고 했다. 골재 채취업자들이 들어와 채취를 진행하고 있다는 것이었다.

"그냥 4대강 사업 당시 농경지에 강에서 퍼 올린 골재로 복토하면 보상도 받고 땅값도 오른다고 해서 당시 주민들이 승낙한 거지유. 그런데 논에 복토가 끝나고 6~7개월 뒤에 골재 채취하는 사업자가 찾아와서 4대강 사업으로 농지에 들어온 골재를 가져가게 동의해달라고 했어유. 농사짓는 것보다 돈을 더 많이 주겠다고 하지, 골재를 가져가고 황토로 복토도 해준다니까. 큰 문제는 없을 것이라는 업자의 말 만 믿고 승낙했지유."

골재를 파는 농민의 입장에서 보면 일석이조이다. 농사가 되지 않는 모래와 자갈밭을 갈아엎는데 돈까지 받을 수 있으니까. 골재업자의 입장에서도 일석이조이다. 4대강 사업 전에는 금강에서 골재 채취를 허가받기가 하늘의 별 따기만큼이나 어려웠다. 또 허가를 받아도 수중준설을 해야 해 육상준설에 비해 3~4배의 비용이 들었다. 여기저기 뜯기는 곳도 많아서 수지가 맞지 않았다. 그런데 육상 골재는 어떤가? 표층의 흙을 살짝 걷어내기만 하면 되니 비용이 많이 들지 않을뿐더러 골재의 질도 좋아서 이문이 많이 남는다. 과거 수중 골재사업에 비교할 때 땅 짚고 헤엄치기라 할 수 있을 정도다. 허가만 받으면 노다지를 캐는 사업인 것이다. 그런데도 국토부와 사업시행자인 농어촌공사는 공사가 끝나고 관할권을 자치단체로 넘겼다는 이유로 골재업자를 규제하지 않았다.

옥성리 농경지 리모델링 사업의 실체는 이렇다. 4대강 사업 당시 시공사인 SK건설사가 강바닥에서 퍼 올린 골재를 이곳으로 옮겨 온 다음 다시 가져간 것이다. 국민 세금으로 막대한 사업비를 들여서 공사한 농경지 리모델링 사업이 무위로 돌아가고 있는데도 이를 관리 감독할 관청은 수수방관했다.

한 업자가 지난 2015년 공주시에 '골재채취 허가 신청서'를 접수했다. 우성면 옥성리 587번지 외 57필지에 3단계에 걸쳐서 총면적 16만 3,406.9제곱미터에서 채취면적 12만 9,357.3제곱미터를 신청했다. 채취예정량은 25만 4,063세제곱미터(건설 골재 : 모래가 50:50퍼센트)다. 허가신청은 2015년부터 2017년까지다. 허가가 끝나자 사업자는 공주시에 추가로 연장 허가를 받아놓고 공사를 진행하고 있다.

골재 채취 허가권자인 공주시 담당자는 "개인이 사유재산인 농지에 들어온 자갈과 모래 때문에 농사가 되지 않는다고 했으므로, 공주시는 법적으로 문제가 없는 이상 허가를 해줄 수밖에 없었다"고 말했다. 당시 리모델링을 시행한 농어촌공사와 국토부의 협의를 거쳐 허가했다고 밝혔다.

농경지 리모델링 시행사인 한국농어촌공사 공주지사는 "4대강 사업은 우리도 처음 겪는 일"이었다며 책임을 회피했다.

"경지정리한 농지는 '농업진흥지역'으로 묶습니다. 공주시가 '골재 채취허가 신청에 따른 사업지역 적합 여부 검토

골재 채취현장

옥성리에서 모래톱을 준설하고 있다
여기에서 퍼낸 모래는 옥성리 농지 리모델링에 사용되었다

의견'을 공문을 통해 보내왔습니다. 첫 공문을 통해 농경지 리모델링 사업으로 우량농지를 조성한 지역이기 때문에 골재 채취는 부적합하다는 입장을 보냈습니다. 그런데 공주시가 다시 판단을 요구해와 다시 보내게 된 겁니다."

결국 두 기관이 서로에게 권한을 떠넘기며 골재 채취업자가 필요로 하는 답을 준 것이다. 이런 사태를 예견하지 못한 건 아니다. '4대강 죽이기 저지 범국민대책위원회'는 지난 2009년 농경지 리모델링 사업을 진행할 때 이를 비판하는 성명을 발표하기도 했다. 범대위는 "강에서 퍼낸 자갈과 모래는 농사를 짓는 토양에 맞지 않는다"면서 "토양을 높이면 지하수가 고갈되어 피해가 우려된다"고 밝힌 바 있다. 범대위는 또 "시간이 지나면 다시 골재를 퍼내야 하는 일이 반복될 것"이라며 "골재 채취업자들의 배만 불릴 것"이라고 우려했다.

또한 농어촌공사는 농경지 리모델링 사업으로 한강(2곳)과 금강(17곳), 영산강(8곳), 낙동강(113곳) 등 140곳에서 전체 7,709헥타르(7,709만 제곱미터) 면적의 농경지에 준설토 1억 9,000세제곱미터를 복토했다. 이 사업으로 쓴 국민 세금은 1조 2,000억 원에 달한다.

애당초 모래와 자갈은 강물을 정화하는 콩팥과도 같았다.

4대강 사업으로 모래가 사라진 강은 자정능력도 사라졌다. 한강 북한강에서 흐르던 물이 소양강댐에 들어가면 1급수에서 3급수로 떨어져 화학적 산소요구량(COD, 유기물 등의 오염물질을 산화제로 산화 분해시켜 정화하는 데 소비되는 산소량)이 0.9ppm에서 1.3ppm으로 올라간다. 남한강도 충주댐 이전 0.9ppm에서 이후 1.3ppm으로 올라간다. 낙동강도 상류보다는 하류가 깨끗하다. 댐을 만들자 강의 정화작용이 멈춰버렸다. 결국 모래 때문에 그런 것이다. 강을 되살리려면 강에서 퍼낸 모래를 강에 되돌려줘야 한다. 예전처럼 모래와 자갈이 다시 쌓이려면 수십 년, 아니 수백 수천 년이 걸릴지도 모를 일이다.

강의 역습

강이 온몸을 뒤틀며 몸부림쳤다. 인공적으로 만든 강을 거부하고, 이물질처럼 박힌 시설물들을 부수기 시작했다. 바닥의 토사가 깊게 파이는 세굴이 생기면서 역행침식, 측방침식, 사면침식으로 자전거도로가 붕괴되고 교각이 위태롭게 드러났다. 강물에 쓸려 농지도 사라졌다. 강의 역습이 시작되었다.

2013년 꽃샘바람이 마른 나뭇가지를 흔들어대던 즈음, 어렵사리 찾아간 현장은 폭탄을 맞은 것 같았다. 4대강 사업으로 만들어진 공주보 우안 하류 8킬로미터 지점 금강 좌안에 설치된 높이 10미터 길이 100미터 정도의 콘크리트 구조물이 깨지고 무너져 있었다. 거대한 협곡이 생기면서 콘크리트 구조물이 하천바닥에 나뒹굴고 강물에 처박혔다.

4대강 사업으로 강바닥에 있던 모래를 과도하게 파내면서 역행침식이 진행되기 시작한 것이다. 역행침식이란 하천의 침식작용이 상류에서 하류로 서서히 진행되는 일반적 양상과 반대로, 하류에서 상류 쪽으로 급속히 진행되는 것을 말한다. 강의 원줄기를 과도하게 준설해서 빚어진 현상이다. 하천 위쪽이 낮아지고 지류가 상대적으로 높아지면 유속이 급격하게 빨라진다. 이때 상류의 토사가 하류로 빠져나가면서 침식이 발생한다.

제방의 콘크리트 구조물이 사라진 공간에 사면침식이 발생하고 흙더미가 무너져내리고 있었다. 공주시 어천리에서는 최소 10킬로그램에서 최대 300킬로그램에 육박하는 거대한 콘크리트 구조물이 무너졌다. 차량 진입이 어려워 찾지 못했던 구간이기에 사고가 발생하고도 상당한 시간 동안 가려져 있었다.

백제보 좌안에서는 측방침식이 발생했다. 보에서 쏟아져 나온 물이 소용돌이치면서 자전거도로가 있는 제방 밑을 파고들었다. 그 결과 자전거도로는 통제됐고 제방은 산에서 가져온 바위덩어리로 보강공사를 해야 했다.

역행침식으로 생겨난 협곡

사면침식으로 무너진 구조물

측방침식으로 보수공사중인 보

금강은 40~50밀리미터 정도의 비만 내려도 자전거도로가 물에 잠겼다. 도로가 잠긴 걸 모르고 야간에 자전거를 타고 가던 사람이 물에 빠지는 사고도 여러 번 발생했다. 불어난 강물은 자전거도로의 밑을 파고들어 흙을 깎아내고, 상류에서 떠내려온 토사는 자전거도로에 쌓이는 일이 반복되었다.

이뿐만이 아니다. 역행침식으로 해마다 농경지가 사라지는 곳도 있다. 백제보 하류 청양군에서 흘러드는 지천의 1킬로미터 지점에서는 지천과 맞닿은 농경지 150여 미터 구간이 무너져내렸다. 농경지에 있던 비닐하우스 자재와 조경수로 심어놓은 소나무는 강물에 잠기고 농민들은 비닐하우스를 해체해서 장소를 이동해야 했다. 농지에 있던 전신주도 두 차례나 이동하는 수난을 겪었다.

농민들을 만나보았더니 "4대강 준설을 하면서 지천과 본류의 낙차 폭이 커져 물살이 빨라지고 조금씩 땅이 무너지더니, 비만 오면 무너지기 시작했다. 농경지 200여 평 정도가 사라져버렸다"고 분통을 터트렸다. 정부의 방지책을 요구하기도 했다.

"비닐하우스 하나 옮기는 비용이 인건비만 100만 원 정도 들어가는데(길이 100미터 200평 기준), 비닐하우스가 있던 자리의 땅이 다 무너지는 통에 해체해 옆으로 옮기고 있어. 앞으로 더 많은 땅이 강으로 처박힐 텐데 더 이상 무너지지 않도록 방지책을 세워주든지 지장물에 대한 보상을 해줘야지, 이대로 가다가는 큰일이여."

그런데 관련기사가 〈오마이뉴스〉에 배치된 뒤에 뜻밖의 상황이 벌어졌다. 하천점용허가를 받아서 농사를 짓던 농부들에게 점용허가를 취소한다는 연락이 왔다는 것이다. 언론의 취재에 응했다는 게 그 이유였다. 이 농민들은 그 뒤 마을에서도 따돌림을 당했다.

4대강 사업으로 인한 피해는 곳곳에서 돌출했다. 청양군 치성천 가마교 제방 안쪽이 100미터 정도 무너지면서 토사가 소하천을 덮어 물길이 막히는 사고도 터졌다. 농민들은 농지가 망가진 데 대해 청양군과 국토부에 민원을 접수했지만, 대답은 감감무소식이었다. 4대강 공사로 하천의 유속이 빨라지면서 제방이 유실되었다고 했지만, 정부는 인정하지 않았다.

기사가 나가자 정부는 해명 자료를 배포했다. 농경지 유실은 금강 본류로부터 1~2킬로미터 떨어진 지점에서 발생했고, 농경지 유실 구간과 본류 사이에서는 침식현상이 발생하지 않았으니, 해당 피해는 태풍 등 집중호우시 하천구역 내 농경지의 밑부분이 쓸려나간 후 해빙기에 유실된 것으로 추정된다는 내용이었다. 즉 국토부는 '역행침식이 아니다'라고 해명한 것이다. 이에 대해 한 농민은 격앙된 목소리로 불만을 표시하기도 했다.

"깊이 파면 유속이 빨라진다는 것을 어린애도 다 아는데 아버지 때부터 평생을 강가에서 농사를 지어온 내가 모르겠나. 한 번도 나와보지 않고서 그따위로 말할 수 있어?"

웅포대교는 전북 익산시와 부여군을 연결한다. 이곳은 4대강 사업 때 과도한 준설이 이뤄진 구간이다. 하굿둑의 수문이 열릴 때마다 유속이 빨라지면서 교각보호공이 깨지고 틈이 벌어졌다. 강물의 일정한 너비와 깊이를 유지하고 제방 및 교각을 보호하기 위해 수변에 설치된 사석마저 길이 50미터, 너비 2~3미터 정도가 유실됐다.

정부는 또 떠넘겼다. 국토부는 4대강 사업으로 교각보호공사를 끝낸 뒤 전북도로관리사업소로 이관했다며 책임을 전가했다. 하루에도 숱하게 차량이 다니는 교량의 교각이 위험에 방치되어 이용객의 불안은 계속됐다. 주민 안전을 위해 정밀조사가 필요했지만, 정부는 서둘러 보강공사로 눈가림했다. 그러나 다음 해, 또 다음 해, 지금까지 해마다 보강공사는 이어지고 있다.

이곳 주민들도 공무원들에게 "언론사로부터 돈을 받고 동네를 팔아먹는 사람"으로 찍혔다. 담당 공무원이 마을 대표를 찾아와, 위로를 하기는커녕 언론사의 인터뷰에 응한 마을 주민들을 향해 되레 비난을 쏟아부은 것이다. 그 뒤 4대강 사업으로 피해를 본 주민들은 속으로만 앓아야 했다. 장맛비가 올 때마다 쓸려가는 농경지를 벙어리 냉가슴 앓듯이 지켜보기만 해야 했다.

4대강 사업은 강만 망친 게 아니다. 강을 멀리서 바라보는 사람들은 내 일이 아니라고 치부할 수 있지만, 망친 생태계 속에 사람이 살고 있다. 권력자들이 저지른 범죄의 대가를 4대강 주변 농민들이 대신 치르고 있다. 강의 역습 앞에서 힘없는 서민들만 속절없이 당하고 있다. 국민들이 낸 세금으로 강을 땜질하는 사이, 강은 온몸을 뒤틀며 황당한 국책사업의 진실을 일깨우고 있는 것이다.

공산성이 무너졌다

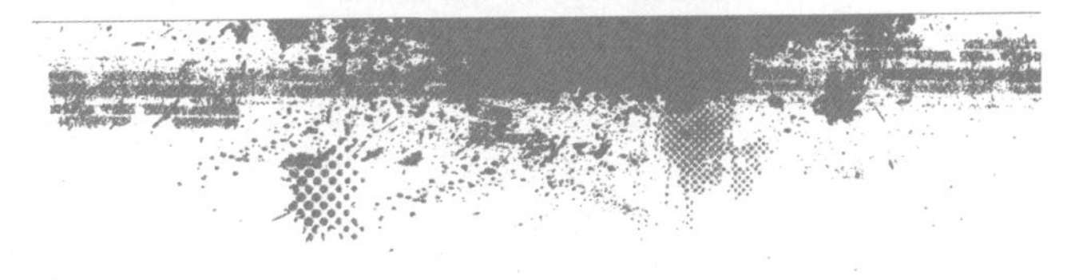

"공산성이 무너졌다."

2013년 9월, 한 지인에게서 제보전화가 왔다. 가슴이 철렁했다. 카메라와 취재수첩을 들고 현장으로 달려갔다. 공산성 아래쪽에서 보니 붕괴된 곳을 가려놓은 푸른 천막이 눈에 들어왔다. 공산성에 올라가 현장을 취재하려 했지만 공무원과 공사 인부들이 가로막았다. 위험하다는 게 이유였지만, 붕괴 사실을 숨기고 싶었던 것이다. 사진도 찍지 못하게 했다.

유네스코 세계문화유산으로 지정된 사적 제12호 공주 공산성은 백제시대 지어진 산성으로 475년 백제가 한산성에서 웅진으로 천도했다가 538년 부여로 다시 천도할 때까지 도읍이었던 공주를 지키기 위해 세워졌다. 백제시대에는 웅진성으로 불리다가 고려시대 이후 공산성으로 불리게 됐다. 1500년의 역사를 간직한 이곳은 당나라 소정방이 이끈 나당연합군이 백제를 쳐들어왔을 때 웅진성 성주가 의자왕을 배신하고 생포해 당나라에 넘긴 역사적 장소이기도 하다. 금강 강줄기가 공주 도심 한복판을 가로질러 흐르는 곳으로, 공주 시민에게는 학창시절 소풍 장소나 청춘들의 데이트코스로 꼽힌다. 이 지역을 찾는 관광객이라면 한번쯤 들러볼 만한 명소다.

이 공산성은 공주 시민들의 자존심이었다. 지난 2008년 국보 1호이자 한양도성의 남대문인 숭례문에 화재가 발생했을 때 대한민국의 국격이 무너졌다면서 대성통곡한 사람들이 많았다. 공산성은 공주 시민들에게 숭례문과 같은 존재였다. 붕괴 소식을 듣고 시민들이 공산성을 향해 몰려들었다. 4대강 사업 때문이라는 말이 터져 나왔다. 문화재청과 충남도 정치인, 시민단체 등 많은 사람들이 찾고 방송사와 신문사 기자들이 몰려들어 취재 경쟁이 벌어졌다. 하지만 충남도와 문화재청, 국토부, 공주시는 한목소리를 냈다. "81밀리미터 집중호우가 발생하면서 성벽 내부 우수 침투로 지반이 약화된 상태에서 훼손되었다"는 것이다.

나는 4대강 준설이 진행되던 지난 2010년에 "4대강 공사로 공산성 일부가 붕괴될 수도" 있다는 기사를 쓴 적이 있다. 당시에도 붕괴 조짐이 보였기 때문이다. 금강을 수심 6미터로 파자 공산성 안에 연결된 만하루 연지의 물이 줄어들었다. 공산성은 금강에 접한 표고 110미터의 구릉 위에 석축과 토축으로 계곡을 둘러쌓은 포곡형包谷型 산성이다. 상단의 너비는 약 70센티미터 정도이고, 안쪽에는 백회를 발라서 성벽의 석재가 무너지지 않도록 했지만 강 수위가 높을 경우 지각변동을 일으킬 우려가 있었다.

사업 당시 꼼꼼하게 확인만 했어도 공산성의 붕괴 가능성은 누구나 예견할 수 있었다. 4대강 사업을 밀어붙이던 이명박 정부는 강변에 산재한 문화재에 미칠 영향을 생각해서 수중조사와 육상준설을 병행했어야 했다. 하지만 45일이라는 짧은 기간에 문화재조사를 서둘러 마무리하려고 눈가림식으로 육상지표조사만 했다. 우리나라의 경우 수중조사기관이 다섯 곳 정도밖에 없기에 4대강 전역을 정상적으로 조사했다면 100년이 넘게 걸렸을지도 모른다.

또한 법상 국가사적 반경 500미터 안의 사업에 대해서는 문화재위원회의 현상변경승인을 받아야 한다. 공사로 인해 문화재에 심각한 손상이 갈 수도 있기 때문에 법적 보호장치를 마련해둔 셈이다. 하지만 4대강 공사는 이 모든 것을 무시하고 강행되었다. 결국 공산성 붕괴는 절차를 무시하고 밀어붙인 결과로 일어난 인재였다.

"어쩌다가 공산성이 주저앉아가지고…"

당시 현장을 찾았던 변영섭 문화재청장이 공산성을 방문한 후 던진 첫마디였다.

성곽의 성벽 배부름 현상 16개소, 성상로 틈새 3개소, 지반침하 1개소, 공북루의 기둥 뒤틀림, 부식현상 4개소, 연지 측면 배부름 현상 1개소, 계단 침하 2개소… 곳곳에서 문제가 발생했다. 환경단체는 "4대강 사업 때문"이라고 주장했지만 국토해양부는 "하수관에 의한 것"이라고 맞섰다.

성곽의 배부름 현상은 추가로 이어졌다. 공산성 성곽 둘레 2,660미터 중 금강과 맞닿아 있던 450미터 구간의 90퍼센트에서 성곽 배부름 현상과 뒤틀림이 추가로 발견되었다. 그러나 정부는 서둘러 보강공사를 끝내고 "4대강 사업이 원인이라고 단정할 만한 증거가 없다"는 이유로 4대강과 무관하다고 발표했다.

공산성 붕괴 소식을 듣고 전국의 언론사 기자들이 무리 지

공산성은 공주 시민들의 자존심이었다.
지난 2008년 국보 1호이자 한양도성의 남대문인
숭례문에 화재가 발생했을 때
대한민국의 국격이 무너졌다면서
대성통곡한 사람들이 많았다.
공산성은 공주 시민들에게 숭례문과 같은 존재였다.

어 몰려왔다. 방송사들의 중계차도 떴다. 항상 그랬듯이 이들은 대부분 정부 발표를 결론으로 내세웠다. 환경단체들의 목소리는 싣지 않거나, 구색 맞추기식으로 소홀히 다뤘다. 검증하지 않았다. 그게 편했기 때문이다. 그 많던 언론사들은 금세 철수했고, 나만 혼자 남았다.

이 사실은 반드시 알려야 했다. 순간 머릿속에 비행기가 떠올랐다. 전에도 금강에서 항공촬영을 했지만, 돈이 많이 드는 일이었다. 한 번 띄우는 데 무려 수백만 원이 들었고, 내 통장 잔고는 마이너스였다. 하는 수 없이 업자에게 사정을 했다. 외상으로 비행기를 띄워 공산성 붕괴현장 사진을 기사로 송고했다.

특종을 건지긴 했지만, 나는 몇 달 뒤에야 겨우 비행기 삯을 갚을 수 있었다. 해남까지 내려가 배추를 져 나르며 돈을 벌었다. 지금도 가끔 시간이 날 때면 공산성에 오른다. 혹시나 하는 생각으로 성곽 옆구리를 살피며 걷는다.

[2부]

생명 혹은 죽음의 색깔

5,600원어치 취재

“기자라고 하더니, 월세 30만 원도 내지 못하면서 무슨 기자를 한다고… 이번 달까지 월세 못 낼 거면 집을 비워요.”

온 세상이 봄을 지나 여름으로 접어드는데 내 마음은 겨울이었다. 상냥하기만 하던 집주인이 마지막 일격을 가했다. 망치로 뒤통수를 얻어맞은 것 같았다. 앞이 캄캄했다. 주책스럽게 눈물이 핑 돌았다. 월세가 6개월가량 밀렸다는 이유로 집주인은 즉각 퇴거를 명령했다. 4대강 사업과 싸우면서 남은 건 자존심밖에 없었는데, 그것까지 허물어지는 것 같았다.

"죄송합니다."

바들바들 떨면서도 이 말 한마디밖에 떠오르지 않았다. 미안함과 죄책감에 하염없이 눈물이 솟구쳤다. 금강에 몸을 던져서 난관을 모면할까? 혹시나 내 죽음이 계기가 되어 굳게 닫힌 수문이 열리지 않을까? 뜬눈으로 밤을 새우며 오만 가지 생각을 했다. 악마에게 영혼이라도 팔고 싶은 심정이었다. 이때다 하고 달콤한 이야기도 들려왔다.

"그 정도 했으면 최선을 다한 거예요."
"처음부터 무리한 싸움이었어요."
"정신 차리고 이젠 그만하세요."

금전적 지원을 아끼지 않던 지인들도 다 같이 짠 것처럼 말했다. 1년에 무려 340일씩 금강을 헤집고 다니며 쓴 주유비만 매달 100만 원이 훌쩍 넘었다. 가끔 비행기도 띄워 영상촬영을 한 탓에 수중에 돈이 남아날 리 없었다. 부모님이 물려준 땅까지 팔아먹은 불효자가 되었으니 가족들의 걱정도 이만저만이 아니었다.

"네가 강 귀신에 씌인 거여. 굿이라도 해야겠다!"

가족들도 난리였다. 모든 일을 그만두고 4대강을 취재한답시고 매일 금강에 나가는 나를 못마땅해했다. 당연했다. 금강을 취재한다고 돈이 나오는 게 아니다. 〈오마이뉴스〉에 올리는 기사의 원고료는 얼마 되지 않는다. 가족들에게는 이미 수십 차례 손을 벌렸다. 더 이상 돈을 빌릴 수 있는 낯짝도 아니었다. 2014년 봄, 어느덧 4대강 취재에 매달린 지 6년째였다.

'그래, 이 정도 했으면 최선을 다한 거야.' 스스로 위안을 삼으면서 혼자서 마지막 정리를 시작했다. 한 발 내딛기도 힘든 상황이었다. 우선은 든든히 배라도 채우려고 한 솥 가득 밥을 했다. 냉장고의 남은 반찬도 털었다. 속이 채워지자 사물이 제대로 보였다. 4대강 취재를 중단하기로 마음을 내려놓으니 홀가분하기도 했다. 일단 돈 되는 물건을 팔기로 마음을 먹고 세간을 정리했다.

"고물 삽니다. 냉장고 세탁기…"

때마침 아파트에 울려 퍼지는 고물장수의 목소리가 들려왔다. 그런데 정말이지 값이 나가는 물건이 없었다. 보물 같은 컴퓨터와 모니터를 건네고 고작 3,000원을 받았다. 집 안 구석구석을 뒤지고 책상 서랍을 탈탈 털어서 찾아낸 동전은

2,600원이 전부였다. 차를 팔까도 고민했는데, 일찌감치 근저당이 잡혀 있었다. 집에 더 이상 돈을 만들 수 있는 물건도, 능력도 없었다. 5,600원. 죽는 날까지 나는 이 금액을 잊지 못할 것이다. 5,600원은 당시 내 전 재산이었다.

"개새끼."
"가다가 뒤져버려라."
"한 번만 더 오면 땅에 파묻어버린다."

누구에게도 들어보지 못한 욕설을 4대강 취재하면서 공사장 잡부들에게 들었다. 세상에 이렇게 많은 욕이 존재한다는 것을 처음으로 알았다. 툭하면 멱살을 잡히고 폭행도 당했다. 삽자루가 날아오고, 공사장 꼬챙이로 겁박할 때도 무서움에 달달 떨면서 견뎌왔다. 4대강 취재를 그만두기로 결심했지만, 다시 고민에 빠졌다.

5,600원어치만 더 하기로 마음을 굳혔다. 마지막 결전을 위해 비장한 마음으로 배낭을 꾸렸다. 노트북과 선물로 받은 대형 스카프, 병에 담은 수돗물을 챙겼다. 전 재산으로 시장에서 가장 싼 빵을 샀다. 돈은 없었지만 배낭은 무거웠다. 가슴을 짓누르던 고민거리가 사라지자 몸과 마음이 편안했다.
'여기까지만 하자.'

새벽부터 까마귀와 까치가
요란하게 짖어댔다. 한기가 몰려왔다.
이슬에 흠뻑 젖어
축축해진 몸으로 잠에서 깼다.
강물로 세수를 하고 짐을 챙겼다.

내 마지막 취재는 걸어서 공주보 우안을 타고 백제보를 돌아 좌안을 타고 돌아오는 코스였다. 둔치와 자전거도로를 걷고, 물길을 따라 걸었다. 마지막이라고 생각하니 발걸음이 가벼웠다. 첫날에는 청양군 천남면 천내리 강변에서 얇은 스카프를 덮고 풍찬노숙을 했다. 그날따라 풀벌레 소리도 들리지 않고 적막했다. 나는 걸신이라도 들린 것처럼 빵을 먹었다. 그날 밤 내 배낭 속의 빵은 절반이나 사라졌다.

다음 날 새벽부터 까마귀와 까치가 요란하게 짖어댔다. 한기가 몰려왔다. 이슬에 흠뻑 젖어 축축해진 몸으로 잠에서 깼다. 강물로 세수를 하고 짐을 챙겼다. 다시 배낭을 짊어지고 허벅지까지 빠지는 물속을 걸었다. 바닥이 고르지 않은 자갈밭과 질퍽거리는 진흙길을 걸으니 금세 지쳤다. 발목이 쇠사슬을 매단 것처럼 천근만근이었다. 생수병에 담아 간 물은 바닥을 보였다.

'마시면 죽기밖에 더하겠어.'

목마름은 두려움을 앞섰다. 그때부터는 강물을 떠서 마시기로 결심했다. 녹조 띠가 선명한 강물을 떠서 부유물을 대충 입으로 후후 불어내고 벌컥벌컥 들이켰다. 갈증은 해소됐지만, 배에서 보글보글 끓어오르는 소리가 요란했다. 배탈이 났는지 먹은 걸 다 쏟아내야 했다. 상비약도 챙겨오지 않은 터라 그냥 버티고 참아내야 했다. 어지럼증이 밀려오고 식은땀이 쏟아졌다. 잠시 쉬어갈 생각에 강변 수풀에 쓰러져 하늘을 올려다봤다. 티 없이 맑은 파란 하늘엔 뭉게구름이 흘러갔다. 여기서 잠들면 죽을 수도 있다는 생각에 다시 힘을 내 일어서서 배를 움켜쥐고 걸었다. 서러움이 북받쳐 주책없이 자꾸 눈물이 흘렀다. 인적 없는 강변 풀숲을 엉엉 소리 내어 울면서 걸었다. 얼마나 지났을까? 몸속 수분을 다 쏟아낸 듯 더 이상 눈물은 흐르지 않았다.

공주와 부여군의 경계지점에서 고라니가 쉬어간 자리인지 수풀이 반듯하게 뉘여 있었다. 탁 트인 그 자리를 둘째 날 잠자리로 정했다. 강물이 바라보이는 낙원 같았다. 풀 향기가 코를 파고들었다. 풀벌레 소리가 들렸다. 달이 실체를 드러냈을 때 나는 감탄인 듯 탄식인 듯 소리쳤다. 보름달이었다. 나지막한 야산에서 올빼미가 나를 내려다보며 밤새 소리를 지르고 텃세를 부렸지만, 수없이 들어온 욕보다는 듣기 편했다. 곧 잠에 빠져들었다.

다시 아침이 찾아왔다. 아껴 먹는다고 애썼는데도 가져간 빵은 동이 났고, 물속을 들락거린 운동화는 터져서 너덜너덜해졌다. 빵이 떨어지자 자꾸만 밥 생각이 났다. 나약한 인간이었다. 육체적 통증이나 피로보다 배고픔을 견디기 어려웠다. 강변에 자라는 씀바귀와 민들레를 뜯어 먹으면서 허기를 달랬다. 힘없이 초점을 잃은 눈동자, 축축 처지는 몸으로는 똑바로 걷기도 힘들었다. 물에 젖은 신발 때문에 발바닥이 퉁퉁 부어오르고 발가락은 터져 살갗이 양말에 달라붙었다. 공주보를 앞두고 더 이상 걷기가 어려웠다. 배고픔을 참으면서 강변에서 긴긴밤을 지새웠다. 귓가에는 윙윙거리는 이명까지 밀려왔지만 살기 위해 걸어야 했다. 조금만 더 걸으면 하얀 쌀밥을 마음껏 먹을 수 있다고 생각하며 겨우 용기를 냈다.

공주보 상류 쌍신공원 강변에 쓰러졌다. 그날도 하늘은 매정하게 맑았다. 솔바람에 묻어오는 향기도 좋았다. 햇살이 오르자 땀과 흙먼지로 가득한 몸에서 스멀스멀 곰팡이 냄새가 올라왔다. 극한 상황인데도 남의 눈을 의식했다. 노숙자나 행불자로 보이긴 싫었다. 몸이라도 씻을 생각으로 기다시피 하면서 물가로 다가갔다.

4대강 사업은 탐욕 때문에 저질러진 폭력이자 고통이다. 그 무지막지한 폭력과 고통 속에서 수많은 생명들이 시들어가고 태어났다. 거기서 나는 충격적인 생명체를 봤다. 마지막이라고 생각했던 5,600원어치 취재는 새로운 싸움의 시작으로 이어졌다.

괴생명체의 등장

물속에서 무엇인가 날 노려봤다. 주춤거리며 물러섰다. SF영화에서 보던 ET의 머리처럼 표면이 반들반들한 낯선 생명체였다. 크기는 축구공만큼이나 될까. 놈이 갑자기 튀어 올라 지친 나를 덮칠까봐 이마에서 식은땀이 흘렀다. 나뭇가지를 꺾어 녀석의 정중앙을 정확히 찔렀다. 딱딱한 물체일 거라 예상했으나, 나뭇가지가 속살을 파고들었다. 끈적거리는 액체가 나무에 묻어 나왔고 시궁창 냄새와 비린내가 풍겼다.

도대체 이놈은 뭘까? 핸드폰으로 사진을 찍어서 그동안 4대강 취재를 하면서 평소 알고 지내던 환경단체, 전문가,

교수들에게 문자메시지를 보냈다. 기록을 남겨야 한다는 생각으로 수없이 사진을 찍었다. 녀석의 정체를 확인하기 전까지 아무 일도 하지 않을 작정이었다. 혹시나 도망갈지 몰랐기에 그저 응시하기만 했다. 뙤약볕 아래에서 5분 정도 시간이 지나고 핸드폰 문자 알림이 이어졌다.

"모르겠습니다." (환경단체)
"처음 보는 것인데요." (전문가)

답신은 실망스러웠다. 아니, 화가 났다. 나는 이렇게 개고생하는데, 책상 앞에서 편하게 일하는 그들이 미웠다. 나는 더 이상 뒤로 물러설 자리가 없었다. 이름 없는 논두렁 기자지만 금강에서 괴생명체가 나타났다고 쓸 수는 없었다. 한바탕 결전이라도 벌일 각오로 물속으로 걸어 들어갔다.

가슴은 떨렸지만, 우선 기사를 써야 한다는 강박관념에 사로잡혀 맨손으로 만져봤다. 물컹했다. 아이들이 좋아하는 젤라틴 덩어리처럼 미끈거리며 부서져내렸다. 나머지 녀석을 물 밖으로 꺼냈다. 미끈거리는 손바닥에 새까만 점들이 다닥다닥 붙어 나왔다. 쪼개진 녀석의 겉은 까만 점으로 뒤덮였고, 속살은 녹색과 붉은색이 뒤섞여 빛나고 있었다. 바늘처럼 가느다란 붉은색 실지렁이로 보이는 것들이 그 속에서 꿈틀거렸다. 냄새를 맡으려고 코앞에 대기 전부터 시궁창 악취보다 열 배나 심한 냄새가 진동했다.

그동안 강에서 수많은 생명체를 봐왔지만, 처음 보는 녀석을 놓고서는 어떻게 해야 할지 고민에 빠졌다. 잘게 뜯어서 주무르고 손등과 팔뚝에 문질러봤다. 피부에는 아무 반응이 없었다. 기사에 '괴생명체를 손등에 문질러봤더니 아무 반응이 없었다'고 적기에는 뭔가 부족했다. 더 이상 망설일 이유가 없었다. '그래 먹어보자. 먹어보고 나서 나의 마지막 기사를 쓰자.'

손가락 두 마디 크기 정도를 떼어냈다. 녀석을 입 앞에 두고 한참을 망설였다. 시궁창 냄새를 얼굴에 끼얹은 듯했다. 결국 이놈이 강의 생태계에 미치는 영향을 확인하기 전에 내 몸의 변화에 대해 알아보자고 결심했다. 코를 막고 입에 넣었다.

순간 구역질이 올라왔다. 입속에 들어간 녀석은 시큼한 액체를 내뿜었다. 꾹 참고 씹었다. 이 사이로 터져 으깨지는 느낌이 온몸의 세포 하나하나로 순식간에 퍼졌다. 눈을 질끈 감고 한 번 더 질겅질겅 씹었다. 역겨운 냄새 때문에 더 이상 씹다간 몸속 모든 것을 토할 것 같은 느낌이 들어 꿀꺽 삼켜버렸다. 참아보려고 했지만 헛구역질이 계속 나왔다. 누런 똥물을 토했다. 그러고 나서도 한동안 끈적끈적한 액체가 입속을 타고 흘렀다. 시커멓게 탄 얼굴이 뻘겋게 달아올랐다. 시간이 조금 흘렀는데 몸에는 별다른 증상이 없었다. 별것 아니었구나 하고 안도하고 있을 때 한 통의 문자가 도착했다.

"큰빗이끼벌레"

이 문자를 보고 욕부터 튀어나왔다. '조금만 빨리 보내줬으면 먹지 않아도 됐는데…'

인터넷을 검색하니 3~4개의 기사가 올라와 있었다. 우석대학교 서지은 교수가 이름을 붙인 것으로 확인됐다. 그 자리에서 전화를 걸었다. 이틀 뒤 대학교를 찾아가서 한 시간가량 인터뷰를 했다. 그와의 인터뷰를 요약하면 다음과 같다.

큰빗이끼벌레Pectinatella magnifica는 첫 번째 개충이 유성생식으로 정자와 난자가 수정해서 만들어진다. 군체를 보면 안에 새까만 점 같은 것이 있는데 그것을 '휴면아' 또는 '휴지아'라고 한다. 월동을 한 후 봄에 수온이 12도 정도로 오르면 첫 번째 개충이 출아법(무성생식의 한 종류)에 의해 군체를 형성, 엄청나게 커진다. 수온 25도는 큰빗이끼벌레가 제일 좋아하는 온도로 이때 급격하게 번성한다. 수온이 15~16

큰빗이끼벌레

도로 떨어지면 군체가 와해된다. 죽을 때가 되면 휴면아가 바닥에 가라앉거나 물 위에 떠다닌다. 이후에는 휴면아가 물속에서 다시 월동을 하는데 추위에도 엄청나게 강하다. 큰빗이끼벌레 종은 염분에도 강하다.

지난 1995년 우리나라에서 처음으로 발견되었다. 물이 흐르는 하천에서 발견되는 경우는 없었다. 전부 물이 갇혀 있는 댐과 저수지 위주로, 강원도 춘천댐과 저수지, 금강의 대청댐과 저수지 등에서 발견되었다. 처음 출아할 때는 일조량이 관계가 있다. 큰빗이끼벌레는 약간 그늘진 곳에서부터 번성해나가기 시작한다. 너무 깨끗한 곳과 오염된 곳에서는 살지 않는다. 양식장 주위 녹조와 동물성 플랑크톤이 있거나 붙어 있을 수 있는 장소에서 집단서식하기도 한다.

요컨대 큰빗이끼벌레는 정체수역에 사는데, 4대강 사업 전 유속이 있는 흐르는 강물에서는 살지 못하던 것이, 콘크리트 보가 세워지면서 물이 느려지고 먹잇감인 녹조류와 동물성 플랑크톤이 많아지자 대량 번식한 것이다.

정부도 큰빗이끼벌레의 존재를 모르고 있었다. "금강에서 발견한 큰빗이끼벌레"에 대해 묻는 나에게 환경부 담당자가 "큰빗이끼벌레가 뭐예요?"라고 되물을 정도로 낯선 생물체였다.

큰빗이끼벌레를 먹고 두 시간쯤 지나자 온몸이 가려워지면서 두드러기가 생기고 두통이 밀려왔다. 강의 생태에 미치는 영향과 인체에 미치는 영향을 구분하지 못하는 기자라고 나를 욕할 수도 있겠지만, 그만큼 절박했다. 미칠 듯한 가려움을 참지 못하고 강물에 들어가 온몸을 박박 문질렀다. 몸통의 피부가 온통 벌겋게 달아오르면서 울긋불긋해졌다. 머리가 깨질 듯 밀려오는 두통 때문에 강변을 데굴데굴 굴렀다.

그날부터 나는 큰빗이끼벌레를 삼킨 '괴물기자'라는 별명을 한 개 더 얻었다.

큰빗이끼벌레 생태전문가

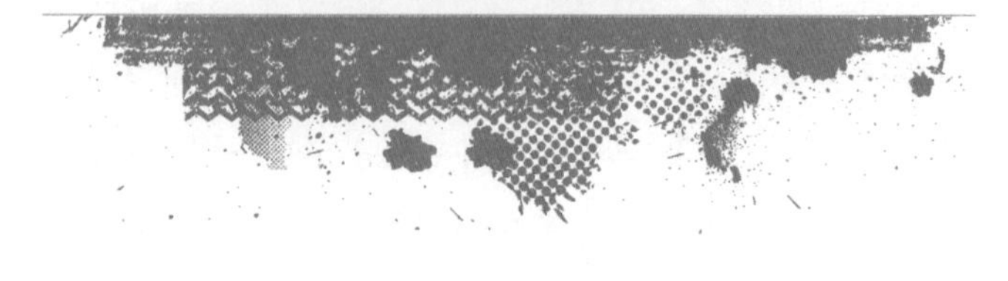

4대강 사업으로 콘크리트 보가 막히면서 유속이 느려지고 큰빗이끼벌레가 확산하고 있다는 기사를 2회에 걸쳐 내보냈다. 온라인과 SNS는 큰빗이끼벌레 이슈로 뜨겁게 달아올랐다. 환경단체는 물론 주요 언론과 지상파 방송까지 시도 때도 없이 연락해오는 통에 전화벨 소리에 정신을 차릴 수 없을 정도였다. 4대강 사업 이후 이토록 많은 언론이 폭발적으로 관심을 가진 사안이 있었을까?

난 김칫국부터 마셨다. 쏟아지는 기사량과 사회적 관심도를 보고 수문이 열릴 수도 있다는 착각에 빠져들었다. 4대강 콘크리트를 걷어낼 수 있는 이런 호기를 놓칠 수는 없었다.

부조리와 갑질이 판치는 세상을 뒤엎고 싶었다. 다시 싸우려면 자금부터 마련해야 했다. 평소 도움을 받던 지인들에게 다시금 연락을 돌렸다.

"나 4대강 수문 열고 마무리하고 싶다. 돈 좀 빌려줘!"

그러나 대개는 "빌려간 돈이나 갚으세요" 하며 매몰차게 거절했다. 자존심도, 부끄러움도 내려놓은 터라 실낱같은 희망을 가지고 서울에 사는 고향 친구를 찾았다. 간절한 마음이 통했는지, 자기도 어려운 처지에 있던 친구가 통장을 건네주며 "이번이 마지막이다"라고 말했다. 다시 싸울 날개를 달았다.

더 많이, 더 분주하게 미친놈처럼 금강을 헤집고 다녔다. 세종보 위쪽부터 공주보, 백제보, 서천하굿둑까지 걸어서 샅샅이 훑었다. 물속에 움츠리고 있던 큰빗이끼벌레는 한두 마리가 아니었다. 엄청나게 무리 지어 살아가는 모습도 포착했다. 나는 끼니를 걸러도 배고픔을 느끼지 못할 정도로 그놈에게 빠져들었다.

선착장 구조물에 붙어서 자라던 큰빗이끼벌레는 2미터가 넘었다. 죽은 나뭇가지에 다닥다닥 붙어 2.5미터 크기로 자란 걸 보고서는 벌어진 입을 한참이나 다물지 못했다. 물속의 나무에 주렁주렁 매달린 모습은 꿈자리까지 파고들 정도로 경악스러웠다. 전자레인지보다 더 큰 녀석을 물속에서 건져 올릴 때는 승자의 희열까지 느꼈다.

깊은 물속까지 확인하고 싶었다. 수백만 원을 들여 잠수부를 고용해 물속에 들여보냈다. 그러나 탁한 강물은 사진을 허락하지 않았다. 손으로 더듬어서 존재 사실만 확인해야 했

ⓒ정대희

다. 그 무렵 나는 큰빗이끼벌레 생태전문가가 되어 있었다.

4대강을 반대하는 전문가와 환경단체의 부탁을 받고 찾았던 낙동강 줄기 창녕함안보에서의 일을 잊지 못한다. 새벽길을 달려 도착한 강변 선착장은 깔끔하게 정리돼 있었다. 물가 수풀은 배로 휘저어놓은 듯 흙탕물이었다. 나를 본 한국수자원공사 직원은 입가에 웃음을 띠며 호기롭게 말했다.

"여긴 그런 거 없습니다."

그러나 나는 5분도 되지 않아서 선착장 인근에 둥둥 떠다니는 큰빗이끼벌레를 건져냈다. 순간 직원의 얼굴이 일그러졌다. 그는 이렇게 말했다.

"기자님이 가져온 거 아닌가요?"

기가 막혔다. 화를 억누르고 운동화를 신은 채 허벅지까지 빠지는 강물에 들어가서 수초 밑에 웅크리고 있던 축구공 크기의 큰빗이끼벌레를 건져 올렸다. 축구공 두 개를 합쳐놓은 것만 한 녀석을 꺼내 그에게 당당하게 내보였다. 동행한 기자들은 승전보를 울리듯 사방에서 카메라 셔터를 누르면서 나의 승리를 축하해주었다.

큰빗이끼벌레를 처음 목격한 덕에 환경단체들과 함께 낙동강, 영산강, 한강 등을 돌아볼 기회도 주어졌다. 가는 곳마다 큰빗이끼벌레가 있었다. 언론은 수백 건의 기사를 쏟아냈고 인터뷰 요청도 끊이지 않았다. 물론 여러 곳에서 협박전화를 받았고, 한편에서는 진보언론이 만들어낸 4대강 사업 비판을 위한 기사라는 지적도 들었다. 그러나 이제는 강에게 본래 숨결을 찾아줄 해법이 나오리라고 기대했다.

하지만 정부는 물고기 떼죽음 사태 때처럼 이상한 곳으로 튀었다. 큰빗이끼벌레가 인체나 생태계에 무해하다고 반론을 폈다. 게다가 정부는 수문을 개방하는 등 큰빗이끼벌레가 살 수 없는 조건을 만드는 근본 처방을 쓰기보다는 우선 보트로 강물을 휘젓고 다니며 큰빗이끼벌레를 서로 떼어놓고 사람들의 눈에 보이지 않게 흐트러뜨리는 꼼수를 썼다. TF팀을 꾸리고 수거에 나서 큰빗이끼벌레를 거둬들였지만, 금강은 녀석들의 사체로 넘쳐났다. 수십만, 수백만, 수천만 마리가 될 것 같았다. 녀석들은 곳곳에서 악취를 풍기면서 죽어갔다. 금강에 닥친 또 다른 재앙이었다. 그야말로 전시행정의 극치였다. 금강은 흐르지 않으니 더 이상 강이 아님을 정부 스스로 증명한 꼴이었다.

수거된 포대를 열어 큰빗이끼벌레를 확인해보았다

벌떼처럼 달려들었던 기자들은 금세 떠났다. 견제와 감시가 사라지자 정부는 서둘러 큰빗이끼벌레를 수거하고 밤마다 몰래 보의 수문을 열어 바다로 흘려보냈다.

다시 혼자가 됐다. 물고기 떼죽음 때의 술래잡기가 다시 시작됐다. 큰빗이끼벌레가 제거되는 현장과 수거된 자루를 감춰놓은 강변을 찾아다니며 하나도 빠뜨리지 않고 기록했다.

수온 25도에서 번성하고 15~16도에서 사멸한다는 전문가의 말을 그대로 믿을 수 없었다. 여름에 찾아낸 큰빗이끼벌레를 수온이 떨어지는 가을부터 겨울까지 물속을 드나들며 확인했다. 수심 1미터 깊이의 수온 5도에서도 건강하게 살아가는 녀석을 발견하고는 입가에 미소가 저절로 번졌다. 무생물에만 붙어 산다는 녀석이 살아 있는 생물에도 붙어 있는 모습을 확인했을 때는 미지의 세계에 첫발을 내디딘 개척자가 된 것 같았다. 그들이 틀렸고, 내가 옳았다.

나는 실험을 계속했다. 수분이 98~99퍼센트라는 전문가의 말을 확인하려고 물속에서 건진 큰빗이끼벌레를 말렸다. 강변에 비닐을 깔고 몰려드는 파리를 쫓으면서 자리를 지켰다. 3일 뒤 바짝 마른 큰빗이끼벌레를 털어보니 투명한 비닐에 붙은 검은 깨 같았다.

하얀 면포를 사서 시장의 옷 수선집을 찾아가 자루로 만들었다. 휴면아 상태로 빠진 녀석을 다시 성장시키려고 면포자루에 담아 물속 나뭇가지에 매달아놓기도 했다. 그러나 때마침 장맛비가 내리면서 흙탕물이 일어 이 실험은 실패로 끝났다.

손가락만큼 자란 큰빗이끼벌레를 키우기도 했다. 나뭇가지를 통째로 뜯어 와서 집 안 수조에 넣었다. 매일같이 강물을 공수해야 하는 어려움이 있었지만, 무럭무럭 커갔다. 하지만 그것도 잠깐이었다. 강물에 묻어온 물벼룩이 큰빗이끼벌레를 맛있게 먹어치웠다.

수온이 떨어지는 가을, 금강에서는 물고기 떼죽음이 반복됐다. 물고기 아가미 속은 휴면아 상태의 큰빗이끼벌레가 가득 차 있었다. 밀집서식하는 큰빗이끼벌레가 사멸하는 과정에서 미량의 질소가 발생하고 주변의 용존산소를 고갈시킨다는 사실도 확인했다.

환경부는 큰빗이끼벌레가 금강에 창궐했을 때 "수질에 무해하다"고 일축했다. 하지만 조사에 나선 충남연구원은 "큰빗이끼벌레가 사멸하면서 용존산소를 고갈시키고 질소를 발생시켜 수질오염을 일으킬 수 있다"고 경고했다. 이후 지속된 물고기 집단폐사와 큰빗이끼벌레와의 연관성을 누구도 말하지 않았다.

사라진 큰빗이끼벌레의 비밀

기자도 전문가도 떠나간 금강에 초·중학교 학생들이 찾아왔다.

초등학교 6학년 때 큰빗이끼벌레를 연구한 두 명의 학생이 있다. 과학적으로 정밀한 데이터를 얻은 것은 아니지만, 환경부와 충남연구원 중 어느 쪽의 말이 진실에 가까운지 판단하는 데 도움을 얻을 수 있다. 초등학생들의 실험 결론을 한 문장으로 줄이면 다음과 같다. '큰빗이끼벌레는 수조에 넣은 송사리 50마리 중 절반을 죽였다.'

이 두 명의 학생을 알게 된 건 2014년 10월경이다. 자녀가 큰빗이끼벌레를 연구하고 있다는 학부모의 전화를 받았다.

'금강에서 대량번식하는 큰빗이끼벌레의 집단폐사시 수질 환경에 미치는 영향 및 개선 방안'을 연구해서 대전과학전람회에 출전하겠다는 것이었다. 강바람이 매섭게 불어오던 날, 담요를 뒤집어쓴 채 내 앞에 나타난 아이들을 처음 보았다.

당시 학생들은 큰빗이끼벌레를 분류한 뒤 여러 가지 측정을 했다. 현미경과 노트북을 연결해서 사진을 찍고 용존산소, 생화학적 산소요구량(BOD)을 쟀다. 일반인도 구매할 수 있는 키트를 사서 실험을 했다. 여러 변수로 실험했는데 결과가 각각 다르게 나와서 신기하고 재미있었다고 내게 이야기했다. 이들은 실험 결과를 정리해 대안까지 내놓았다.

"4대강 공사를 하면서 원래 물속에 가라앉아 있던 부식물(피트모스 흙)을 제거해서 강의 생태계가 파괴됐다. 물고기도 삶의 터전을 잃어서 죽어가고 있다. 강바닥을 파내서 생태계를 훼손하면 안 되지만, 이미 지난 일이기도 하다. 하지만 앞으로는 생태계를 보존해야 한다. 금강을 사랑할 수 있는 방법을 고민해야 한다. 4대강 사업과 같이 자연을 훼손하는 일은 처음보다 좋지 못한 결과를 낼 수도 있으므로 자연을 그대로 두는 것이 좋다고 생각한다. 이미 공사를 한 지금은 어쩔 수 없지만 강물이 고여 썩지 않도록 유속을 빠르게 하는 방안을 마련해야 한다."

나중에 확인했더니 대전과학전람회에서 당당히 장려상을 받았다고 했다. 당시 학생들은 예언자이기도 했다. 전문가와 비슷한 말을 했다.

"큰빗이끼벌레는 한순간에 다 사라질 겁니다. 그땐 강물이 1급수나 4급수로 변했다고 생각하세요."

2년간 금강을 점령했던 큰빗이끼벌레는 2016년에 본류에서 사라졌다. 거짓말 같은 일이었다. 혹시 정부가 강에 약품을 투입했나 하는 의구심이 들 정도였다. 매일같이 물속을 드나들며 녀석들을 겨우 찾아낸 곳은 지천과 본류가 만나는 합수부 지점이었다. 금강이 중병에 빠진 것처럼 이들의 생육상태도 병든 모습이었다. 크기는 작아졌다. 서식빈도도 줄어들었다. 주먹만 한 크기의 큰빗이끼벌레는 만지면 힘없이 툭툭 부서지고 흐물거렸다.

그런데 금강 본류에 비해 상대적으로 맑은 물이 흐르는 지천에서 집단으로 서식하는 모습이 포착되었다. "1밀리미터 미만인 큰빗이끼벌레 개충은 새들과 물고기, 낚시꾼들의 낚싯대에 붙어 인근 저수지나 지류 지천으로 옮겨 갈 수 있다"던 전문가의 지적이 떠올랐다. 본류의 물이 맑아지면 언제든 다시 내려올 수 있다는 것은 시한폭탄을 안고 살아가는 것과 별반 다르지 않다.

“물이 많이 깨끗해졌어요. 이끼벌레도 사라지고요.”

4대강의 골칫거리로 여겼던 생물이 강에서 자취를 감추자 정부의 목소리가 커졌다. “수질이 좋아졌다”는 말을 스스럼없이 하기도 했다. 실제로 환경부는 금강의 수질이 2급수라며 큰 문제가 사라진 양 행동했다. 실상은 정반대였음에도 그랬다.

문재인 대통령은 취임 직후 4대강의 수질개선을 위해 수문개방을 지시했다. 환경부의 주장처럼 2급수의 수질이 진실이라면 수질개선을 위해 수문개방을 지시한 문재인 대통령이 거짓말을 한 셈이다. 박근혜 정권의 환경부와 문재인 대통령 중 누가 국민을 속이고 있는 것일까?

게다가 엉뚱한 곳에서 큰빗이끼벌레가 발견되면서 다시 우리를 긴장시켰다.

금강 본류에서 양수장을 통해 물을 공급받아 농사에 쓰는 수로에 녹조가 유입되고 큰빗이끼벌레 포자가 타고 들어와 논에서 성장한 것이다. 징그러운 외형도 문제지만 이상한 생명체를 놓고 농민들은 어찌해야 할지 고민에 빠졌다. 혹시나 자신의 논에서 큰이끼벌레가 발견되었다고 소문이 농민들은 어찌해야 할지 고민에 빠졌다.
혹시나 자신의 논에서 큰빗이끼벌레가 발견되었다고
소문이 나면 농작물이 팔리지 않을까봐 전전긍긍했다.

나면 농작물이 팔리지 않을까봐 전전긍긍했다. 그런 이유로 서로 쉬쉬해가면서 감추기에 급급했다.

"방송에서 이끼벌레가 생겼다고 하더니 농수로에 가득합니다."

제보를 받고 찾아간 곳은 충남 어느 군의 들녘이었다. 농수로의 폭은 2미터 남짓으로 수중식물인 말풀이 자라고 갈대들이 듬성듬성, 녹조가 물의 표층을 뒤덮고 있었다. 두루마리 휴지 크기부터 머리통만 한 것까지 큰빗이끼벌레들이 수초와 양옆 콘크리트에 주렁주렁 붙어서 자라고 있었다. 농부가 그것을 떼어내 버린 풀밭은 까만 점들로 변한 포자로 뒤덮여 검은 깨를 뿌려놓은 듯했다.

"작년에 논에 물을 채웠는데 벼 포기 밑에 개구리만 한 것부터 아이들 주먹만 한 것들이 오돌토돌 붙어 있는 것을 봤소. 이상하다 이상하다 하면서도 별문제가 없을 것으로 생각했는데 TV를 보면서 큰빗이끼벌레라는 것을 알았다오. 가족들이 먹고 서울 사는 자식한테도 보내는 쌀인데 혹시나 먹어서 해가 될까봐 이러지도 저러지도 못하고 있소."

거북이 등짝처럼 갈라진 손, 삐쭉삐쭉 흰색이 뒤섞인 수염을 한 농부는 죄인이라도 된 양 망연자실 어깨를 축 늘어뜨렸다. “이것들이 나타났다고 해서 당장 농산물에 문제가 생기는 것은 아니니 걱정하지 마세요”라며 안심시켰지만, 나도 어찌해야 할지 고민스러웠다. 차후 이 문제는 지역방송사를 통해 세상에 알려졌다. 그러나 큰 파장은 일지 않았다.

4대강에서 큰빗이끼벌레가 사라졌다고 좋아만 할 일일까? 그렇지 않다. 전문가의 말처럼 큰빗이끼벌레는 2~3급수에서 살아간다. 결국 금강이 식수로도 사용할 수 없는 4급수 똥물로 떨어졌다는 증거였다. 4대강의 핫이슈였던 큰빗이끼벌레는 조용히 사라졌지만 완전히 없어진 것은 아니다. 언제든 수질상태가 좀 더 좋아지면 또다시 나타날 것이다.

5,600원. 전 재산을 털어 떠났던 마지막 도피가 내 인생을 뒤바꿔놓았다. 큰빗이끼벌레를 찾았을 때는 철옹성 같은 4대강 수문을 여는 계기가 될 수도 있으리라는 착각에 빠졌다. 하지만 다시 시작된 취재는 나를 그때보다 더 깊은 빚의 구렁텅이로 빠뜨리는 결과를 가져왔다.

그러나 후회는 없다. 차량의 기름이 떨어질 때면 대리운전도 하고 공사장을 찾기도 한다. 취재를 하고 기사를 쓰는 건 내가 좋아서 하는 일이다. 내가 옳다고 생각하는 일이다. ‘노가다 뛰는 기자'. 취재를 위해 잠시 막일을 한들 그게 무슨 흠인가.

요즘도 수중에 5,600원밖에 없어도 그때처럼 행동할 수 있느냐고 묻는 사람들이 있다. 내 대답은 예전보다 한결 단단하고 단순해졌다.

"네."

원래 길은 없었다. 힘이 들더라도 즐겁게 갈 수 있는 길이 나의 길이라고 믿고 있다.

녹조를 숨기려는 사람들

4대강 사업으로 보가 세워진 후 금강에서는 매년 봄이면 어김없이 물고기가 죽었다. 물이 흐르지 못하고 굽이치지 못하게 되어서다. 적수역부積水易腐, 고인 물은 반드시 썩는다.

그러나 4대강 삽질로 강의 살과 뼈를 도려내고 내장을 파낸 사람들은 계속 변명만 늘어놓았다. 그들은 언론의 자유조차 구속하려 했다. 사실을 전하려는 기자들의 현장취재는 번번이 무산됐다. 숨기려는 자들의 저항이 거세질수록 견제와 감시를 사명으로 한 언론은 사라졌다. 광고비 몇 푼에 영혼을 판 언론사 기자들은 현장이 아니라 사무실 책상에 앉아서 현장기사를 썼다. 그들의 기사는 당시 정부가 배포한

'4대강 살리기' 유인물에 적힌 내용을 빼닮았다.

"자연과 인간이 더불어 사는 4대강 재탄생 프로젝트. '4대강 살리기'는 우리의 강이 새로 태어나게 하는 4대강 재탄생 프로젝트입니다. 홍수와 가뭄이 없고, 금수강산이 펼쳐지며, 경제와 문화가 꽃피는 나라! 우리가 소중히 가꾼 물, 4대강에서 대한민국의 미래가 시작됩니다."

"비단물결, 금강이 마음껏 수영할 수 있는 깨끗한 강이 됩니다!"

정부가 보도자료를 내는 데 그친 건 아니었다. 직접 현장을 찾기도 했다. 그럴 때마다 공무원들은 부산을 떨었고 동네가 들썩거렸다. 2011년 금강 살리기 사업 완료를 축하하는 행사가 개최되었을 당시의 일이다.

"주민 여러분, '금강 새물결맞이 백제보 축제 한마당'이 오늘 열립니다. 김황식 총리님과 유명 연예인들의 공연과 식사 및 선물이 준비되었다고 합니다. 한 분도 빠짐없이 나오셔서 마을회관 앞에 세워진 버스를 타시면 됩니다."

스피커를 타고 이장님의 굵직한 목소리가 울려 퍼졌다. 장롱을 열고 아끼던 옷으로 갈아입은 주민들은 구부정한 허리로 지팡이를 짚고 몰려들었다. 사방에 너그러운 햇볕이 감돌았다. 윗마을 아랫마을 사람들을 한가득 태운 버스가 도착한 곳은 충남 부여군 백제보였다. 현장은 먼저 온 사람들로 북적북적했다. 여기서 한마디만 하면 거의 모든 지역언론은 토씨 하나 빼먹지 않을 자세로 꼼꼼하게 보도했다.

"4대강 살리기 사업을 통해 새롭게 태어난 금강이 충청인들의 소중한 자산이 돼 지역의 경제와 문화가 발전하는 출발점이 될 것으로 기대합니다." (김황식 총리)

"백제보는 풍부한 용수확보로 주기적인 가뭄과 심각한 물부족을 해결하고 홍수시 유량 조절에 유리한 장점을 지니고 있습니다. 퇴적토사 처리에 효율적이며 금강역사문화관 등 주변 여가공간 조성과 둔치 활용의 다양화로 친수공간 확보를 통한 지역의 명소가 될 것으로 기대되고 있습니다. 또한 문화의 강 금강을 테마로 한 금강 살리기 사업은 이수와 치수를 넘어, 수질을 개선하며 생태계를 복원하는 등 금강뱃길 복원과 강변 주민을 위한 복합문화레저공간을 만드는 것이 중요한 과제입니다. 그런 의미에서 백제문화의

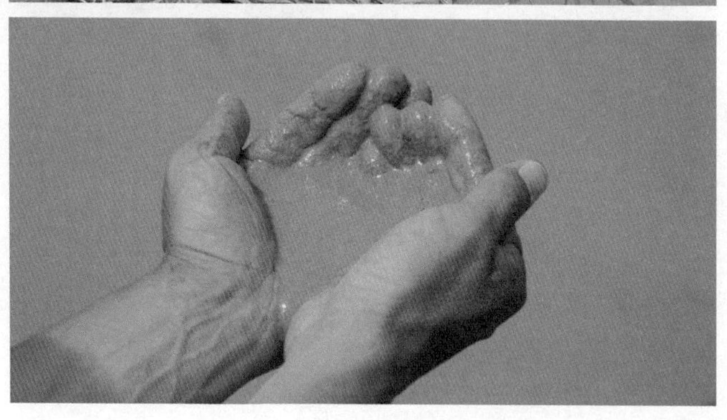

'녹조라떼'에 이어
'녹조밭',
'녹조축구장'
'녹조카펫'이
이른바 '4대강 신조어'로
떠오르기도 했다.

발원지이자 모태인 백마강의 콘텐츠를 활용한 수상관광 시대의 개척은 시대적 필연이고 백제왕도 부여의 미래 비전입니다." (이용우 부여군수)

이 말을 받아쓴 기사의 첫 문장은 천편일률적으로 이렇게 시작한다.

"금강 살리기 사업의 완료를 축하하고 백제보 개방을 기념하기 위한 금강 새물결맞이 백제보 축제 한마당 경축행사가 백제보 광장에서 김황식 국무총리와 이용우 부여군수, 유병기 충남도의회의장 등 지역주민 2,000여 명이 참석한 가운데 성대하게 펼쳐졌다."

나도 그 자리에 있었다. 새로 들어선 건물은 깔끔했고 전망대까지 세워져 있었기에 주민들은 야유회라도 나온 것처럼 신나는 하루를 보냈다. 하지만 행사장 아래쪽에 갔더니 콘크리트에 가로막힌 강물에서 피어나기 시작한 녹조가 보였다. 지금은 세종시인 당시 연기군부터 공주보, 백제보에서 물비린내 비슷한 냄새가 나면서 강물이 녹색으로 물들어갔다.

시간이 지나면서 콘크리트 보에 가로막힌 금강은 푸른 잔디밭처럼 변해갔다. 강물은 마치 초록색 융단을 깔아놓은 듯했다. 두꺼운 녹조층 때문에 산소가 부족해진 물고기들은 수면 위로 머리를 내밀고 숨 가쁘게 움직였다. '녹조라떼'에 이어 '녹조밭' '녹조축구장' '녹조카펫'이 이른바 '4대강 신조어'로 떠오르기도 했다. 물고기들은 옆구리에 붉은 반점이 생기는가 하면, 종기를 앓은 환자처럼 구멍이 뻥 뚫리고, 피부병이 돌았다. 공주시 쌍신생태공원, 부여군 백제보 등 낚시꾼들이 건져 올린 물고기들은 울긋불긋 상처투성이로 병들어갔다.

상황이 이 지경인데도 환경부는 "4대강 사업으로 물그릇이 커지고 수질이 좋아졌다"고 홍보를 했다. 다른 한편으로는 녹조제거 및 수질개선에 천문학적인 예산을 쏟아부었다. 녹조제거 비용은 자기 주머니에서 나오는 돈이 아니니까. 물고기 양식장에서 사용하는 수차를 돌려 공기방울을 내뿜었다. 물속에 볏짚도 띄웠다. 늪지에 사는 물배추와 부레옥잠 등 식물까지 옮겨다놓았다. 모두 무용지물이었다. 금강 녹조는 해를 거듭할수록 짙어져갔다. 수자원공사는 녹조를 제거한다고 강물에 황토와 유화제를 뿌렸다. 큰빗이끼벌레를 제거하려고 보트를 타고 강물을 휘젓고 다녔다. 세굴현상을 막으려고 강물에 모래자루를 던졌다. 언제까지 이렇듯 밑 빠진 독에 물 붓기를 해야 하는지, 기가 막힐 노릇이다.

4대강 준공 후 한국수자원공사에 계약직으로 들어간 직원은 나와 만난 자리에서 다음과 같이 증언했다.

> "아침에 출근하면 강물에 파랗게 녹조가 피어 있었습니다. 아침부터 보트를 타고 강물을 휘젓고 다니다가 돌아서면 다시 녹조가 모였습니다. 냄새도 얼마나 독한지 수시로 두통약을 먹어야 할 정도였어요. 더 이상 참지 못하고 직장을 옮겼습니다."

그들은 죽은 강을 살리겠다고 했지만, 살아 있는 강을 죽였다. 2008년까지 공주 시민들이 금강에서 끌어올린 물을 식수로 사용할 정도로 금강은 맑고 깨끗했다. 그러나 이제 아이들이 뛰놀던 모래톱은 사라졌고, 고인 물이 가득한 강변에는 '접근금지, 수영금지' 팻말만 놓여 있다.

4대강 사업으로 금강은 지역의 명소로 거듭난 게 아니라, 사람과 함께할 수 없는 '접근금지 강'으로 변해버렸다. 정부 보도자료를 베끼면서 '녹색 뉴딜' '금강 르네상스'를 외쳤던 지역언론들도 강을 찾지 않는다. 정권이 바뀌자 정부가 그들에게 주었던 먹이를 더 이상 제공하지 않기 때문이다.

“저 물에 커피 타 먹고 싶다”

“저 물에 커피 타 먹고 싶다.”

몇 해 전 대구 달성보를 방문한 자리에서 이명박 전 대통령이 낙동강 물을 가리키며 한 말이다. 그 보도를 접하고 부아가 돋았다. 물고기 떼죽음과 녹조라떼, 큰빗이끼벌레 등의 이슈로 세상이 떠들썩한데, 적어도 제대로 된 인격을 가진 사람이 할 말은 아니었다.

〈오마이뉴스〉 4대강 탐사보도팀과 함께 이 전 대통령이 커피를 타 먹고 싶다던 달성보 근처에 간 적이 있다. 대구시

달성군 구지면 도동서원 앞이었다. 낙동강은 금강보다 더 열악했다. 녹색 강과 둔치는 경계가 없었다. 강물은 온통 녹조가 두껍게 층을 이뤘고 숨쉬기도 거북할 정도로 악취를 풍겼다.

물고기를 잡던 어선은 강변에 정박한 채 연신 스크루를 돌리다가 취재진이 나타나자 이리저리 움직여 강물을 휘젓고 다녔다. 배는 도동서원 앞 강물을 힘차게 갈랐다. 연신 녹색 물보라를 일으켰으나 녹조는 사라지지 않았다. 심지어 그는 나에게 핸드폰을 주면서 자기가 녹조를 풀어헤치는 모습을 동영상에 담아달라고 부탁했다. 나는 그에게 그 이유를 물었다.

> "물고기를 잡고 사는 어부요. 4대강 사업이 끝나고 물고기가 잡히지 않아서 빈둥거리던 차에 수자원공사에서 녹조가 생길 때면 보트로 강물을 휘저어달라는 부탁을 받고 하는 거라. 큰 돈벌이는 아니지만, 놀 수는 없다 아입니까."

수자원공사 직원에게 보고하기 위한 동영상이었다.

나는 녹조가 드리운 강에 투명카약을 띄웠다. 녹색 페인트를 풀어도 이만큼 진할 수는 없으리라. 〈오마이뉴스〉 정수근

시민기자(대구환경운동연합 생태보존국장)도 투명카약을 띄웠다. 이 상황을 적나라하게 독자들에게 보여줘야 했다. 우리는 낙동강에 서식하던 우리나라 고유종이자 멸종위기종 물고기 흰수마자를 떠올렸다. "흰수마자는 살고 싶다"라는 글귀가 적힌 대형 현수막으로 퍼포먼스를 하면서 녹조로 뒤덮인 강을 드론으로 생생하게 촬영했다.

카약에 달라붙은 녹조덩어리가 씻어도 떨어지지 않는 걸

나는 녹조가 드리운 강에
투명카약을 띄웠다.
녹색 페인트를 풀어도
이만큼 진할 수는 없으리라.

보고, 실태를 좀 더 생생하게 보여주기 위해 흰옷으로 갈아입고 직접 강물 속으로 뛰어들었다. 옷과 팔등에 거머리처럼 녹조가 덕지덕지 달라붙었다. 녹조에 물들어 녹색으로 변한 옷을 강변에 걸어놓고 사진을 찍었다. 이른바 '녹조염색'이다.

그래도 성에 차지 않았다. 옆에 버려져 있던 양동이에 녹조물을 퍼 담아 "MB야, 녹조라떼 받아라!"라고 외치면서 팔을 높이 들어 강변에 쏟아 부었다. 그걸 사진으로 찍으니 마치 진한 녹색 페인트를 붓는 장면처럼 보였다. 네티즌들이 '녹조기둥'이라고 부르며 여러 사이트에 퍼 날랐다.

이렇게 녹조의 강에 뛰어들어 한바탕 일을 벌였지만 10여 분 뒤에 곧 후회했다. 후안무치한 이명박 전 대통령의 말에 화가 치밀어 한 행동이었지만 아무리 씻어도 옷에 묻은 녹조는 떨어지지 않았다. 이날 이후 나의 피부에는 수시로 붉은 반점이 생겼다. 지금도 내 피부는 건조증과 트러블에 시달리고 있다.

녹조는 독이다

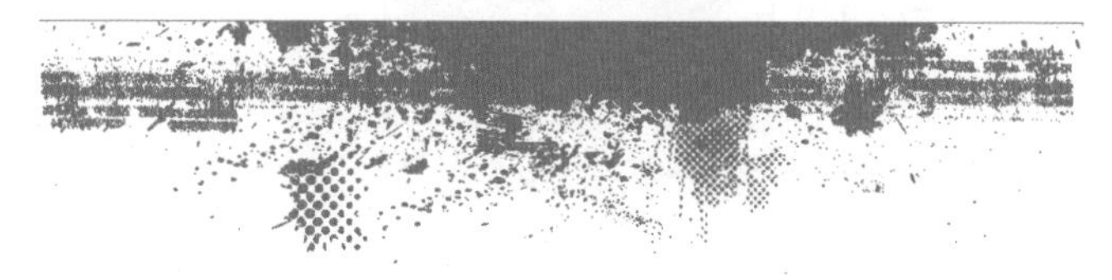

언젠가 녹조로 가득한 전북 익산시 웅포대교 인근에서 그 광경을 카메라에 담고 있을 때 구부정한 허리를 하고 느린 걸음으로 다가온 노인이 물었다.

"젊은 양반 하나만 물읍시다. 강물을 퍼 올려 농사를 짓고 있는데, 나야 살 만큼 살아서 걱정이 없지만 이 물로 농사 지은 쌀을 서울에 있는 자식들에게 보내도 괜찮을지 모르겠네요."

그는 근심 어린 표정으로 담배연기를 뿜어대며 말했다. 솔직한 답은 '아니요'다. 그러나 그날 난 꿀 먹은 벙어리가 될 수밖에 없었다. 사실을 그대로 말하기엔 노인의 모습이 너무 초라해 보였기 때문이다.

사실 녹조는 독이다. 녹조는 부영양화된 호수나 유속이 느린 하천에서 부유성 식물플랑크톤이 대량증식하는 현상인데, 수면에 쌓여 물색을 현저하게 녹색으로 바꾼다. 일반적으로 물에 떠다니는 조류는 물이 흐르면 정상적으로 성장하지 못한다. 그러나 물의 체류시간이 길면 조류가 발생한다. 물이 정체되면 증식하기 시작해 2주 정도 지나면 물을 덮어버린다.

강을 끼고 살지 않는 사람들은 이런 녹조를 강 건너 불구경하듯이 바라본다. 먹고살기도 바쁜데, 4대강에 낀 녹조까지 신경을 쓸 여력이 없다. 하지만 생태계는 끊임없이 순환하기 마련이다. 그 먹이사슬에 사람도 들어 있다.

"녹조 속에는 마이크로시스틴Microcystis aeruginosa이라는, 간에 치명적인 독성물질이 포함돼 있다."

2015년 8월 말, 대한하천학회 초청으로 세계적인 조류전문가인 다카하시 토루高橋撤 구마모토환경보건대학 교수,

박호동 신슈대학 교수, 다나카 히로시田中宏 한일환경정보센터 대표 등 한일 공동조사단이 금강을 찾았다. 조사단이 충남 부여군 웅포대교 일대에서 채취한 강물에서는 독성물질인 남조류(녹조)가 발견되었다.

조사에 나섰던 박호동 교수가 녹조의 원인과 그 독성에 대해 설명해주었다. 수온이 20도 이상에 인이나 질소 농도가 높아야 녹조가 발생하는데, 낙동강, 영산강, 금강 등 모든 강 녹조 속에서 남조류, 즉 독성 마이크로시스틴을 생산하는 종들이 발견되었다. 그중 판별이 쉬운 군체에서 구멍 난 콜로린이 검출되었는데, 이 종은 독성을 생산하는 종으로 낙동강 다음으로 금강에서 제일 많이 검출되었다는 것이다.

강바닥에 쌓인 펄이 썩으면서 녹색 공기 방울을 내뿜고 있다

일본에서 한 연구에 따르면 남조류의 독성은 어류나 패류의 간에 영향을 준다고 한다. 한국 농산물을 대상으로 한 녹조에 대한 분석은 이루어지지 않았으나, 일본이나 독일에서는 채소나 쌀에도 미량이지만 독성물질이 축적된다는 것을 다카하시 교수의 연구가 밝힌 바 있다.

박호동 교수는 4대강을 다녀간 다음 해에 한 인터뷰에서 충격적인 말을 던지기도 했다. 그는 "낙동강 녹조물을 2리터 먹을 경우 사람도, 동물도 사망한다"면서 세계 선진국에서도 녹조독의 독소를 100퍼센트 제거하지 못한다고 말했다. 고도처리를 해도 미세조류로 불리는 남조류세포가 정수처리 과정을 빠져나와 정수된 물에 존재할 수 있다는 것이다. 당시 일본의 신슈대학교가 대한하천학회와 공동으로 측정한 4대강의 마이크로시스틴 농도는 영산강(영산) 196ppb, 금강(고마나루) 310ppb, 한강(가양) 386ppb, 낙동강(달성) 434ppb에 이르렀다. 세계보건기구(WHO)의 음용수 기준치는 리터당 1마이크로그램, 즉 1ppb(ug/L)이다. '독조라떼'라는 말이 괜히 생긴 게 아니다.

캘리포니아 환경청 보고서에 따르면 녹조와 관련된 마이크로시스틴 독소 때문에 많은 야생동물이 죽고, 오염된 물에서 수상레저를 하던 사람들에게도 다양한 건강문제가 발생했다. 마이크로시스틴은 간 손상을 일으키는데, 1996년

브라질에서는 이 독소에 오염된 물을 사용한 131명의 환자 중 52명이 사망했다는 보고도 있다고 한다.

WHO는 생체실험 결과를 토대로 음용수의 마이크로시스틴 기준을 1ppb(0.001ppm) 이하로 정했지만, 물고기들은 그 10분의 1 수준에서도 피해를 입는다고 알려져 있다. 쉽게 말하면 검출만 되어도 건강에 위협이 된다는 뜻이다. 결국 4대강 사업은 '물그릇'을 키운 게 아니라 '독극물그릇'을 키웠다.

이명박 정부는 '남조류의 독성도 고도정수하면 된다'고 말했지만, 세금 22조 원을 들여서 강을 똥물로 만들고, 또 세금을 들여서 고도정수 처리를 강화해야 할까? 기어코 4대강에 배를 띄워 운하로 만들겠다는 이명박 전 대통령의 오만과 오기를 위해서? 그의 커피 물을 위해서? 나도 10년째 오기로 그에 맞서고 있다. 매번 독극물에 몸을 적시면서.

뱀과의 사투

풀은 여름이면 내 키를 훌쩍 넘었다. 강물과 수풀이 만나는 곳에는 어김없이 상류에서 떠내려온 쓰레기와 녹조가 뒤섞여 있었다. 그런 곳에는 죽음도 떠다녔다. 강에 나가 동물 주검을 목격하는 일은 일상이 되었다. 죽은 물고기, 죽은 새, 죽은 너구리, 죽은 고라니, 죽은 뱀, 죽은 쥐… 강은 강변에서 살아가는 모든 생물들의 무덤이다. 찢긴 채 물살에 흐느적거리는 사체를 볼 때마다 나는 소스라치게 놀란다. 그런데 때로는 살아 있는 동물을 보고 놀라기도 했다. 바로 뱀이었다.

비가 내린 다음 날, 햇볕 속에서 나무들이 짙은 초록색으로 변해가고 날씨가 차츰 더워지는 시기에 수풀을 헤치고 다니다보면 별의별 일들을 겪는다. 햇살이 좋은 날이 더 위험하다는 것을 알기까지 수없이 많은 야생동물의 공격을 받았다. 우리가 멀리서 보는 갈대숲은 조그만 여백도 없이 촘촘해 보이지만, 풀숲을 걸으면 작은 틈바구니가 보인다. 그런 곳이 동물들이 살아가는 보금자리다. 뱀은 수분이 많은 곳에서는 살지 못한다. 체온을 거의 전적으로 외부환경에 의존하므로 체온을 올릴 수 있는 서식장소를 찾아다닌다. 산속이나 강변 등 햇살이 잘 들고 통풍이 잘되는 곳에서 쉽게 볼 수 있다. 뱀들은 풀숲 사이로 주먹만큼 들어오는 햇살에 몸을 말리려고 똬리를 틀고 있다.

지난 10년간 4대강 취재를 하면서 뱀에 물린 것도 열 번이 넘는다. 멋모르고 갈대숲을 헤집고 다니다가 발목이 따끔거리고 가려워서 자세히 살펴보면 어김없이 붉게 파인 이빨 자국이 찍혀 있었다. 뱀에 물린 발목 주변이 퉁퉁 부어올라도 강변에 사는 뱀은 물뱀이나 유혈목이 등 독이 없거나 약한 종으로 알고 대수롭지 않게 생각했었다.

그날도 그랬다. 해진 운동화를 신고 부여군 나지막한 야산과 인접한 인적도 없는 강변을 걷고 있었다. 성인들에게 좋다고 알려진 야관문이 지천으로 널린 강변은 진한 향기만큼이나 유독 따가운 햇살이 내리쬐어 온몸이 땀범벅이 되어

따가웠다. 면도날처럼 날카로운 풀들이 자꾸만 팔등에 자국을 남겼다.

발밑에서 뭔가 물컹거리는 느낌을 받았다. 야생동물의 배설물이라도 밟았나 하는 생각에 고개를 숙이는 순간 발목을 송곳으로 찌르는 느낌을 받았다. 순간적으로 "엄마야!" 하는 소리와 함께 껑충 뛰어올랐다. 어두운 밤색 뱀 한 마리가 나보다도 더 놀랐는지 수풀사이로 날아가듯 사라지는 모습이 눈에 들어왔다.

"또 물렸네!"

놀란 가슴을 쓸어내리며 혼잣말을 중얼거렸다. 바지에 묻은 먼지를 털어내는데 발목이 바늘로 찌르는 듯 따끔거렸다. 양말을 벗어서 확인해보니 붉은 피가 흘러내리고 살짝 부어올라 있었다. 심각하게 생각하지 않고 다시 양말을 신는데 통증이 심해졌다. 나뭇가지를 주워 갈대숲을 헤치고 물가로 향했다. 몸이 무거웠다. 통증은 가라앉지 않고 마비증상까지 왔다. 다시 양말을 벗었다. 발목이 퉁퉁 부었다. 검붉은 핏줄이 풍선처럼 부풀어올라 터질 것만 같았다. 식은땀이 흘렀다. '이건 독사다' 하는 생각이 엄습했다. 강변에 세워둔 차로 가는 길이 너무 멀게만 느껴졌다. 허리에 맨 혁

대를 풀어 허벅지에 피가 통하지 않을 정도로 세게 묶었다.
'이러다가 진짜 죽겠다!'

온갖 생각이 머리를 스쳤다. 온몸이 땀으로 젖었다. 차 문을 어떻게 열었는지도 제대로 기억이 나지 않는다. 비몽사몽간에 차를 타고 가까운 병원 응급실로 갔다.

"뱀에 물리셨네요. 조금만 늦었으면 큰일 날 뻔하셨어요."

안경을 쓰고 하얀 가운을 입은 의사는 대수롭지 않게 한마디 툭 던졌다. 의사의 지시를 받은 간호사는 "조금 아파요"라며 불덩어리 같은 주사를 찔러 넣었다. 참으려고 했지만 입에서 "악" 소리가 절로 나왔다.

안도감에 지친 몸은 한순간 잠에 빠져들었다. 깨었을 때는 벌써 날이 어둑해진 뒤였다. 내 몸이 뱀의 치명적인 독기와 사투를 벌이는 동안 두세 시간쯤 잠든 것 같았다. 몸이 한결 가벼워졌다. 처방전을 전해주는 간호사에게 90도 인사를 했다.

발목은 욱신욱신 따끔거리고, 피부는 얻어맞아 생긴 멍처럼 시퍼렇게 변했다. 계속 통증이 밀려오는 통에 수건을 적셔 냉찜질과 온찜질을 번갈아 하면서 고통을 참아야만 했다. 퉁퉁 부어오른 발목에 붕대를 칭칭 감고서야 강으로 나갈 수 있었다. 자라 보고 놀란 가슴 솥뚜껑 보고 놀란다더니, 이후로 나는 강에서 작은 나뭇가지에도 소스라치게 놀라곤 했다.

"뱀에 물렸다며?"
"그러니까 그만하라고 했잖아요."
"오죽 칠칠치 못했으면 뱀에 물렸을까?"

지인들이 저마다 한마디씩 놀려댔다. 하지만 강을 포기하지 못한 나는 요즘도 뱀의 공격을 피하지 못하고 있다.

그나저나 망가진 금강도 주사 한 방으로 예전의 모습을 되찾을 수 있다면 얼마나 좋을까? 미량의 뱀독도 야생동물 같은 내 몸을 완전히 빠져나오는 데 며칠이 걸렸는데, 4대강 사업이라는 독사가 치명적 상처를 남긴 강을 치유하는 데는 얼마나 오랜 시간이 걸릴지 모른다.

나의 생체실험

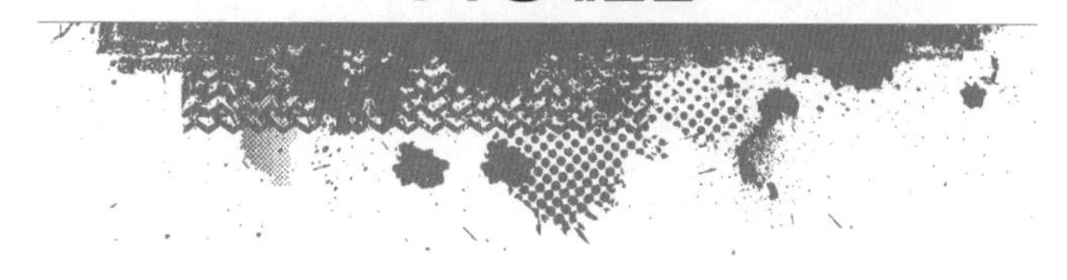

거대권력과의 싸움. 정부와의 싸움에서 나의 무기는 카메라와 취재수첩, 노트북이었다. 때로는 내 몸 자체가 무기이기도 했다. 녹조 가득한 강에 직접 들어가 생체의 변화를 살폈다. 큰빗이끼벌레 특종기사를 쓰려고 그것을 씹어 삼키기도 했다. 여기에 그친 게 아니다. 금강이 여전히 2급수라고 우기는 정부의 발표를 확인하려고 실지렁이와 붉은깔따구가 창궐하는 강물을 직접 떠먹기도 했다.

나도 이런 방식이 무모하다는 것을 안다. 하지만 우선 수질을 정밀분석할 장비도, 분석을 의뢰할 돈도 없었다. 돈은 어디선가 융통하면 된다고 쳐도, 연구기관들은 정부의 눈치

취재 필수품들

를 보면서 조사를 하지 않으려 했다. 단 한 번도 신뢰할 수 있는 수질분석을 해주는 곳이 없었다. 나의 몸 취재는 이런 상황에서 마지막으로 취할 수 있는 어쩔 수 없는 선택이기도 했다.

지금도 환경부는 금강의 수질을 2급수라고 우긴다. 그 수치가 나오도록 수질분석을 하기 때문이다. 이른 오전에 물의 상층부는 생화학적 산소요구량이 높고 용존산소가 풍부하다. 중층, 하층으로 내려가면 용존산소가 부족해지고 낮과 밤으로 갈수록 급격하게 떨어진다. 수질분석을 위한 정부의 채수 방식은 크게 두 가지다. 다리에서 물속으로 측정기 줄을 길게 내려서 자동으로 데이터를 산정하는 방식과, 일정한 장소를 선정해 물을 떠서 데이터를 측정하는 방식이다. 두 방식 모두 물의 상층 부분을 떠서 분석한다. 결국 수질이 2급수라는 정부 주장은 생물학적 산소요구량이 높은 상층부의 물에 한해서 그렇다는 이야기다. 하지만 같은 장소에서 물을 뜨는 경우라도 오전, 오후, 저녁이 다르고 상층, 중층, 하층의 생화학적 산소요구량이

다르게 나온다. 정확한 분석을 위해서는 상층, 중층, 하층의 물을 떠서 분석하고 평균값을 내는 게 합리적이다. 그러나 정부는 기존의 방법만 고집하고 있다.

한편 환경부는 물속에 살아가는 저서생물에 따라 수질등급을 판정하는 기준표를 가지고 있다. 수질등급별 수생생물을 구체적으로 살펴보면, 오염되지 않은 깨끗한 물 1급수에 사는 생물은 플라나리아, 옆새우류, 강도래류, 멧모기류, 물이끼, 녹조류, 버들치 등이다. 2급수는 수돗물로 사용가능한 물로 선충류, 꼬리하루살이애벌레, 뱀잠자리애벌레, 여울날도래류, 개구리밥, 장구벌레, 피라미 등이 산다. 3급수는 수돗물로 적합하지 않으며 거머리류, 복조류, 섬모류, 윤충, 붕어, 잉어 등이 산다. 4급수는 수돗물로 사용할 수 없고 오랫동안 접촉하면 피부병을 일으킬 수 있는 물로 실지렁이류, 붉은깔따구류, 꽃등에, 종벌레 등이 서식한다.

이런 여러 가지 방법이 있는데도 환경부가 물을 채수해서 수질을 분석하는 방법만 고집하는 이유는 단순하다. 어디서 어떻게 뜨느냐에 따라 분석 결과를 달리 내놓을 수 있으며, 갈수록 오염이 심해지는 4대강 물도 식수로 공급하게 할 수 있기 때문이다. 우스갯소리로 "똥물도 정화하면 식수가 된다"는 말이 있다. 결국 자신들이 정해놓은 방법 중 가장 손쉬운 방법으로 논리를 정당화하고 있는 셈이다.

환경부에 따르면 금강은 2급수이고 먹는 물로 적합하다. 나는 그 말을 믿기로 했다. 그래서 그 물을 마시기로 했다. 2013년부터였다. 백제보 인근에서 강물을 휘휘 저어서 종이컵 한 컵 양을 떴다. 먹고 죽는 거 아닐까 하는 생각도 들었지만, 입안에 털어 넣었다. 목젖을 타고 흘러내린 강물은 비릿한 냄새를 풍겼다. 특별한 증상은 나타나지 않았다.

오염된 강물을 퍼 마시면서 세상이 맑아지기를 바랐다. 그 뒤에도 1년에 3~5차례 강물을 마셨다. 2014년 4월경으로 기억하는데, 그때도 공주보 상류 쌍신생태공원 인근에서 평상시처럼 강물을 마셨다. 난리가 난 것처럼 배 속에서 보글보글 소리가 났다. 창자가 끊어지는 아픔과 함께 식은땀이 흘러 배를 움켜쥐고 뛰어야 했다. 몸속에 있던 모든 것을 쏟아내고 나서야 엎드려 쉴 수 있었다. 물에 젖은 솜이 주저앉듯이 온몸이 아파왔다.

2015년부터는 금강 물을 마시기가 무서워졌다. 강물을 떠 마시고 5분도 지나지 않아서, 때로는 겨우 1~2분 만에 배탈이 났다. 탈이 나는 빈도가 높아졌고, 피부질환과 두통이 함께 왔다. 결국 몸이 곧 반응할 정도로 먹는 물로 부적합하다는 뜻이다. 가끔은 이런 나에게 쏘아붙이는 사람들도 있다.

"미친 새끼, 개도 안 처먹는 물을 왜 마시고 지랄이야."

"썩은 강물 처먹으면 당연히 배탈 나지."

맞다. 2급수가 아니라 썩은 물이다. 그런데도 백제보 하류에서 도수로를 이용하여 충남 서북부 도민들의 식수로 공급하는 물은 괜찮다고 말한다. 2015년 충청남도는 42년 만의 큰 가뭄이 발생했다면서 금강 물을 도수로로 연결해 보령호로 공급했다. 이렇게 들여온 물은 보령호 용수와 뒤섞여 7개 시군 도민들의 식수로 공급되었다. 매년 여름이면 녹조가 창궐하는 물을 식수로 쓰다니, 정당하지 않은 편법이다.

한국수자원공사는 수문만 열면 되는 쉬운 녹조제거 방법을 놔두고, 마이크로버블기라는 기계를 금강에 설치했다. 공주보 수상공연장에 설치한 마이크로버블기는 물속에 초미세기포를 쏘아 용존산소를 증가시킨다고 알려졌다. 이를 통해 독성물질, 유기물질 및 무기물질 등을 분해해 녹조 성장을 억제·제거한다는 것이었다.

그러나 이는 매우 위험한 방법이다. 자연수생태계, 즉 물속은 수많은 생물이 서로 먹고 먹히면서 공존하는 곳이다. 특정한 종을 없애기 위해 인위적인 방법을 사용하면 수생태계 파괴로 이어지게 마련이다. 꽃나무를 가꾸기 위해 살충제를 뿌리면 꽃을 피울 수는 있어도 떠나버린 벌과 나비를

물고기 양식장에서 사용하는 수차

조류제거선

마이크로버블기

돌아오게 하지는 못한다.

충남 공주시 탄천면 강변을 걸을 때마다 나는 어이가 없었다. 수질을 개선해 수생태계를 살린다고 마련한 마이크로버블기에 큰빗이끼벌레가 매달려 살고 있었다. 주변에는 부유물이 둥둥 떠다녔고, 죽은 물고기가 발견되기도 했다. 결국 세금 수억 원을 들여 설치한 기기는 녹조를 제거하지 못했고, 지금은 가동을 멈춘 지 오래다.

정부는 이것 말고도 녹조를 제거하려고 다양한 신기술을 선보였다. 물고기 양식장에서 사용하는 수차부터 볏짚 띄우기, 세라믹 볼, 태양열 수류확산장치, 조류제거선까지 동원했다. 수자원공사는 바지선을 이용해 황토와 약품을 뿌렸다.

하지만 김정욱 서울대학교 환경대학원 명예교수는 위험천만한 일이고, 눈 가리고 아웅 하는 격이라고 우려했다. 황토나 약품을 뿌려 녹조를 눈에 보이지 않게 하는 얕은 수는 매우 위험하다는 것이다.

"남조류가 죽으면서 세포 안에 있던 독소가 터져 나온다. 겨울철 수온이 떨어지면서 녹조가 사라졌다고 착각하지만, 독소는 물속과 바닥에 그대로 축적되어 있다."

공주대학교 환경교육과 정민걸 교수는 금강에 창궐한 녹

조를 보고서 "호수처럼 된 금강의 수온이 높아질수록 녹조 같은 유기물이 퇴적돼 물고기 떼죽음 사태가 또 일어날 가능성이 크다"고 경고했다.

그동안 금강에서 살며 금강 물을 마셔댄 나도 어쩌면 강처럼 생화학적 산소요구량이 부족해지고 있는지 모른다. 강바닥처럼 나의 몸속도 최악수질 4급수, 산소제로 지대인지도 모른다.

우리가 마시는 물은 안전할까?

물은 생명의 근원이다. 물은 사람 몸무게 중 70퍼센트 정도를 차지한다. 그래서 몇 시간만 물을 마시지 않아도 피로감을 느끼며 일주일 이상 마시지 않을 경우 치명적인 상태로 빠진다. 야생동식물도 물 없이는 살지 못한다. 쌀 1톤을 생산하는 데는 2,895세제곱미터의 물이 필요하고, 쇠고기 1톤을 생산하는 데는 1만 5,497세제곱미터의 물이 소비된다. 이렇듯 물이 소중하지만 전문가들은 우리가 사용하는 물 중 50퍼센트가 오염됐다고 주장한다. 게다가 시간이 흐를수록 오염이 빠른 속도로 심해지고 있다. 물은 대통령의 소유물도 국토부의 것도 아니건만, 정권이 바뀔 때마다 하천 정책이 새롭게 바뀌고 물길이 바뀌었다.

금강은 450만 충청인의 생명수다. 산업·농업 용수 역할을 하는, 없어서는 안 될 자원이다. 4대강 사업으로 금강을 가로막은 보가 생기면서 물그릇은 커지고 물의 양은 더 풍족해졌다. 하지만 많은 사람들이 가뭄에 시달리고 물 사용에 제한을 받고 있다. 상수원인 대청댐에는 해마다 독성물질이 증가하고 있다. 아무리 많은 물을 가지고 있어도 사용할 수 없다면 보관하고 정화하는 비용만 낭비하는 것이다.

발원지에서 흘러내린 물은 음용수로 식용가능한 청정수이다. 그러나 맑고 깨끗하던 물이 험준한 산지 사이로 형성된 하천을 따라 흐르다가 도심을 만나 더럽혀지고 병들기도 한다. 다시 흘러가는 과정에 모래와 자갈, 수초 등의 자정작용을 거치면서 맑아져 바다로 흘러든다. 이런 이유로 강물과 바닷물이 만나는 맑은 섬진강에서는 지금도 모래밭에서 재첩 등이 잡힌다. 또 이렇게 유입된 모래는 바닷가 해안을 타고 해수욕장과 사구를 만들어내기도 한다. 중요한 것은, 도심에서 흘러든 오염원이 강으로 유입되어 수질이 급격하게 하락하더라도 자정능력을 가진 강이라면 스스로 회복하고 치유한다는 것이다.

금강은 어떤가. 도심과 만나는 지점마다 보에 갇혔다. 정체된 물에서는 자정능력이 발휘될 수 없으며 휴면상태, 즉 활동하지 못하는 상태가 되어 죽어갈 수도 있다. 갇힌 물은 퇴적토와 유기물질을 많이 만들고 미생물을 분해하면서 산소를 소비한다. 부영양화된 부유 물질로 표층이 뒤덮여 산소가 공급되지 않고 소비만 발생하게 된다. 또한 황화수소 같은 유독가스가 만들어져 물고기 떼죽음이 발생하기도 한다. 그러면 물속 바닥층의 용존산소가 부족해진다. 말하자면 물이 숨을 쉬지 못하게 되는 것이다.

내륙 분지, 즉 평지에서 살아가는 사람들을 히말라야 같은 고지의 산소가 부족한 곳에다가 던져놓은 것과 같다. 산소가 부족해지면 혈압이 떨어지고 계속해서 방치될 경우 뇌에 손상이 가해진다. 만성피로감이 생기고 질병에 취약해진다. 여러 종류의 합병증까지 나타나 곧 생명을 연장하기 힘든 상태로 빠지게 마련이다. 물속도 마찬가지다. 산소가 부족한 곳에서 살아가려면 모진 고난을 겪어야 한다.

현재 금강이 그런 상태다. 깊은 산 흙더미 속에서 잠자던 바위덩어리를 캐다가 강변에 쌓고, 강바닥을 파헤쳐 시멘트를 바르고 고속도로처럼 일직선으로 만들어버렸다. 자연스러운 하천의 모습은 사라졌다. 막힌 강물에서는 거머리, 나방애벌레, 실지렁이, 종벌레, 꽃등에, 깔따구 등만 살아갈 수

깊은 산 흙더미 속에서
잠자던 바위덩어리를 캐다가 강변에 쌓고,
강바닥을 파헤쳐 시멘트를 바르고
고속도로처럼 일직선으로 만들어버렸다.
자연스러운 하천의 모습은 사라졌다.

있다. 이들은 물속 수서생물 중 최악의 오염지표종으로, 결국 사람들이 사용할 수도 없고 사용해서도 안 되는 폐수임을 알려주는 것이다.

비단 우리나라뿐 아니라 세계적으로 먹는 물이 부족해지면서 물 전쟁이 시작되었다. 우리의 경우 1960~1970년대부터 산업화 과정에서 과도할 정도로 많은 댐과 저수지를 만들었고, 지금도 댐과 저수지를 건설하려고 혈안이다. 또한 개발사업과 무분별한 지하수 사용으로 물을 고갈시키면서 물의 오염을 불러오고 있다. 이대로 방치하면 국내에서 물을 생산하지 못하고 다국적기업에서 사다 먹어야 할지도 모른다.

세계 최초로 물을 상품화한 브랜드는 프랑스의 '에비앙'이다. 물을 돈 주고 사 마셔야 한다는 것이 생소하던 시절 유럽인들에게 에비앙은 '신비의 약수'라는 홍보가 덧붙여지면서 불티나게 팔려나갔다. 1789년 신장결석을 앓던 프랑스 귀족 레세르 후작이 알프스의 작은 마을 에비앙에서 요양하면서 물을 마시고 병이 나았다는 소문 덕분이었다. 알프스 산맥의 점토층 사이를 타고 흘러들어 어떠한 오염에도 노출되지 않았다는 것이 최고의 상품가치였다.

과연 우리나라 수돗물을 그대로 먹을 수 있을지는 의문이다. 나 또한 수돗물을 받아 끓여서 먹고는 있지만, 지난 10년 4대강 취재를 해온 터라 건강한 물이라고 생각하지 않는다. 한국수자원공사에서 생산하는 수돗물을 그대로 먹어도 되는지에 대해 물으면 절대 안 된다고 답할 것이다.

정부에 대한 신뢰가 무너진 지금, 사람들은 수돗물을 그대로 음용하지 않는다. 정수기를 설치하는가 하면 생수를 사서 마시는 가정이 늘어나고 있다. 일부는 깊은 산속 약수터를 이용하기도 한다. 물론 이를 보고 극성맞다고 하는 사람들도 있을 것이다. 그러나 요즘 SNS 등을 통해서 실시간으로 정보를 공유하는 시대에 정부의 말만 곧이곧대로 믿을 수는 없는 노릇이다.

4대강 사업이 추진되는 동안 대부분의 사람들은 반대했지만, 적극 나서지는 않았다. 잘못된 사업이라는 것을 알았지만, 행동하지 않았다. 내 일이 아니라고 느꼈기 때문이다. 하지만 온 국민이 생명을 유지하기 위해서 마셔야 하는 것이 물이다. 그 물의 원천이 4대강임을 생각하면, 4대강 사업이 우리 몸에 직접 영향을 미치는 문제임을 실감할 수 있을 것이다.

고라니 발자국에 남은 붉은깔따구

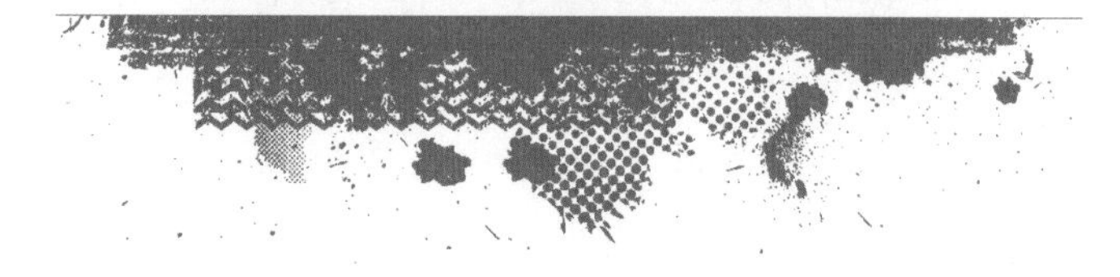

강바람은 차가웠다. 누렇게 익은 갈대밭 사이로 고라니 한 마리가 빼꼼 고개를 돌려 나를 바라보았다. 오랜 친구라도 만난 듯 손을 흔들어 조용히 "안녕" 하고 인사를 건넸다. 그러나 고라니는 엉덩이를 치켜들고 한 마리 새처럼 높이 도약하더니 순식간에 풀숲으로 사라졌다.

바람소리만 요란한 강변에 다시 혼자가 되었다. 고라니가 떠난 곳으로 걸어 들어가자 물 빠진 강변에 넓은 진흙 펄밭이 드러났다. 녀석은 그곳에 발자국을 남겼다. 강바닥에 쌓인 미세한 펄이 자꾸 발목을 잡아 한 걸음도 옮기기가 어려울 정도였다. 나는 고라니의 발자국을 사진에 담으려고 카메라 렌즈를 최대한 당겼다. 그런데 움푹 들어간 발자국에서 무언가가 꿈틀대고 있었다. 낯선 생명체였다.

몸통은 이쑤시개만큼 가늘었다. 붉은빛으로 빛나는 생명체에 작은 마디가 나 있었고 맨 앞쪽에는 집게발 같은 게 보였다. 그 자리에서 인터넷을 검색했다. 환경부가 지정한 수생태 최악수질인 4급수 오염지표종 붉은깔따구 유충이었다. 이날 고라니가 내게 전해준 슬픈 선물이었다.

나는 큰빗이끼벌레에 이어 4대강 사업 이후 나타난 생태계의 변화를 말해주는 붉은깔따구를 특종 보도했다. 환경부 수질등급별 수생생물 판정 기준표에 따르면 4급수에는 실

강물 속 진흙에서 붉은깔따구를 찾고 있다

지렁이류, 붉은깔따구류, 꽃등에, 종벌레 등이 산다. 환경부는 이 물이 공업용수 2급과 농업용수로 사용가능하다고 분류했다. 하지만 수돗물로는 사용할 수 없고 오랫동안 접촉하면 피부병을 일으킬 수 있는 물로 표기하고 있다.

붉은깔따구는 한두 마리가 아니었다. 고라니 발자국이 찍힌 곳마다 서너 마리 이상 꿈틀거렸다. 이들은 오염에 대한 내성이 매우 강하며 혐기성 상태, 즉 산소가 없는 상태에서도 오랫동안 견딜 수 있다. 1950~1960년대 정비되지 않은 시궁창이나 하수도에서 많이 발견되었으나 환경정비가 이루어지면서 사라진 생물이다.

그날부터 나는 붉은깔따구를 찾아다녔다. 금강의 죽음을

붉은깔따구

세상에 알릴 수 있는 징표이기 때문이다. 백제시대 도읍지로 성왕 때 축조되었다고 알려진 부소산성(사비성), 삼천궁녀의 한이 서린 낙화암, 충남 서북부 도민의 식수를 가져가는 수북정 앞, 세종시청이 바라다 보이는 상류까지 매일같이 수십, 수백 번을 강물 속 진흙을 손으로 헤집으며 어두컴컴한 물속에 숨은 생명체를 찾았다.

한강에 실지렁이가 산다

나는 금강에서 살지만 가끔 한강, 낙동강, 영산강 등을 취재하기도 했다. 2016년 한강을 찾았을 때를 잊지 못한다. 2,300만 명 수도권 시민들의 상수원인 한강에서 수질오염 최악 지표종인 실지렁이가 처음으로 발견된 것이다. 4대강 사업으로 인해 수질이 급격히 악화되고 있다는 증거로 볼 수 있어 큰 파문이 예상됐다.

이날 나는 〈오마이뉴스〉 4대강 탐사보도팀과 함께 이항진 여주시의원(현 여주시장)의 안내를 받아서 이포보 상류 4~5킬로미터 지점에 갔다. 현장에는 저수지나 늪에 서식하는 정수 수초인 '마름'이 깔려 있었다. 겉으로 보기에 물은 맑아 보였는데, 삽을 들고 물속으로 2미터가량 나아가자 발목까지 펄이 쌓였다. 한 삽을 찔러 넣고 퍼 올리자 짙은 회색의 개흙이 올라왔다. 입자가 가는 흙에서 시큼한 냄새가 풍겨왔다. 손바닥으로 흙을 헤집자 붉은 생명체가 꿈틀거렸다. 새끼손가락 길이의 실지렁이가 무려 20여 마리나 나왔다. 다슬기 3~4마리도 있었는데, 물속 바닥에 진흙 같은 저질토가 쌓이면서 수생태계가 급격하게 악화되고 있는 교란기로 보였다. 특히 이곳은 4대강 사업 이전에는 모래톱이 발달하고 여울이 형성되어 있던 곳이었다.

"집 근처 하수도 시궁창에 사는 놈이 상수원 보호구역에서 서식하고 있다는 게 충격적이네요. 4대강 사업 초기 독일에서 온 학자가 '5년 정도 흐르면 강이 썩고 낯선 생명체가 나타날 것'이라고 주장했을 때 설마 했는데, 현실이 되어 버렸군요."

그렇게 말한 이항진 의원은 저기 모퉁이만 돌면 경기지역 주민들의 취수원이 있다고 가리켜 보였다. 비교적 유속이 빠른 이포보 하류 500미터 지점으로 이동해서 2차 조사를 벌였다. 이곳도 호수에서 사는 마름 등이 번성해 있었다. 1미터 수심으로 들어가서 한 삽을 퍼 올리자 펄흙이 나왔다.

현장에는 늪에 서식하는
'마름'이 깔려 있었다.
손바닥으로 흙을 헤집자
붉은 생명체가 꿈틀거렸다.

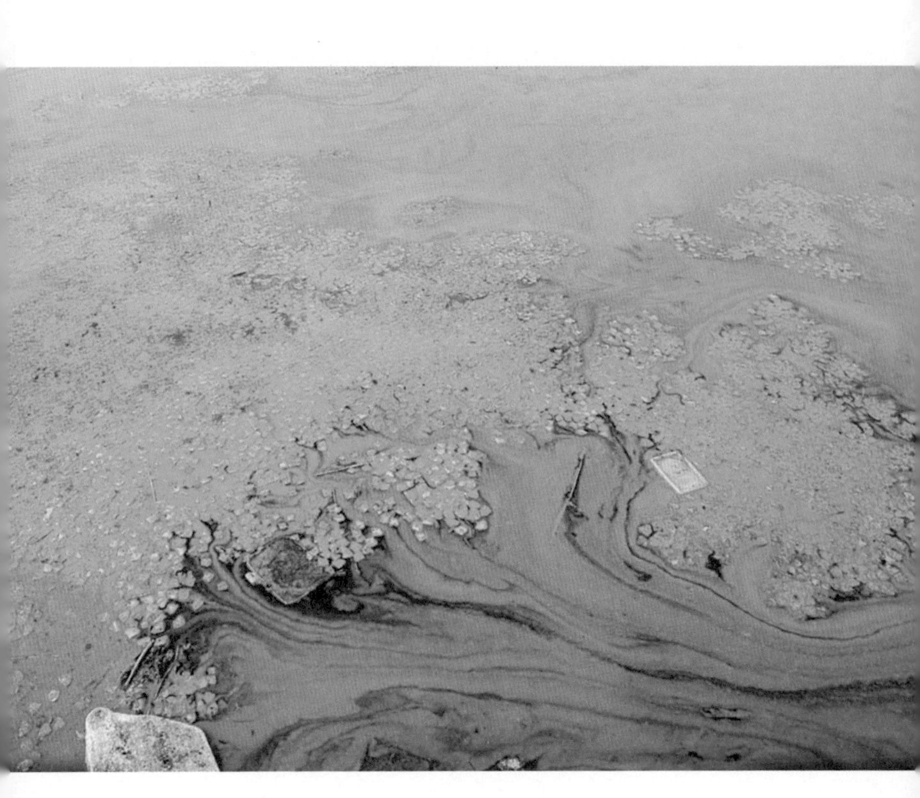

이곳에서도 마름뿌리와 뒤섞인 실지렁이가 발견됐다. 한 삽에 10여 마리로 이포보 상류보다는 개체수가 적었지만, 수생태계에 전례 없는 변화가 진행되고 있다는 증거였다.

세 번째로 찾아간 곳은 여주보 상류 700미터 지점이었다. 이곳에서도 마름이 발견됐다. 바닥 흙을 퍼 올리자 시커먼 펄이 올라왔다. 간간이 시커멓게 변색된 모래도 올라왔다. 탐사보도팀은 이곳에서 실지렁이는 발견하지 못했다.

마지막으로 찾아간 곳은 강천보 상류 우만리 나루터 주변이었다. 입구에는 여주시장 명의로 "여기는 상수원 보호구역입니다"라고 적힌 표지판이 세워져 있었다. 세계적인 멸종위기종인 새들이 날아드는 지역이기도 했다. 인근 영동고속도로 밑에서 물살을 가르며 수상스키를 즐기는 시민도 있었다. 강변은 환경부가 생태계 교란 야생식물로 지정한 가시박이 뒤덮고 있었다.

가슴팍까지 잠기는 물속으로 들어가자 자갈과 모래가 사라지고 진흙의 감촉이 느껴졌다. 강변에 한 삽을 퍼놓고 악취가 진동하는 펄을 뒤적이자 실지렁이가 나타났다. 대충 찾았는데 7마리가 발견됐다. 이 지역은 한강에서도 가장 깨끗한 지역으로 상수원 보호구역이다. 여주와 이천 시민의 취수구 코앞에서 실지렁이가 나온다는 것은 상상할 수 없는 일이었다.

이날 발견한 사실이 의미하는 바를 확인하기 위해 강원대학교 생명과학과 외래교수이자 수서생태학을 전공한 박정호 박사에게 전화를 걸어보았다. 그는 실지렁이는 유기물이 퇴적되고 유속이 거의 없는 곳에서 살 수 있다면서, 실지렁이가 발견된 곳은 펄이 지속적으로 쌓이고 있는 곳으로 볼 수 있다고 말했다. 그는 또 한 삽에 20마리 이상이 나왔다면 엄청 많이 나오는 것이라며, 팔당·양평 쪽에서 볼 수 있는 건강한 펄에서는 혐기성 냄새가 나지 않고 조사단위인 가로세로 1미터당 실지렁이는 3~4마리 이하로 나온다고 말했다. 한강 상수원 보호구역에서 실지렁이가 나온 데 대해서는 이렇게 설명했다.

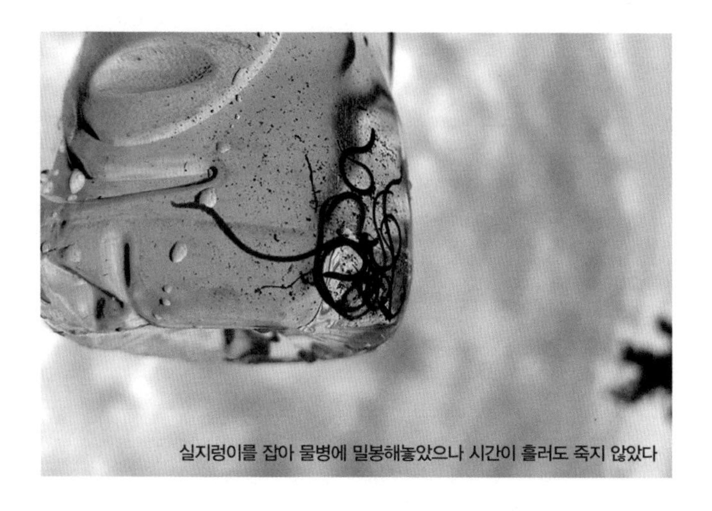
실지렁이를 잡아 물병에 밀봉해놓았으나 시간이 흘러도 죽지 않았다

"펄이 있는 팔당에서 몇 마리 나올 수 있지만 상류 취수원 에서 나온다는 건 아주 충격적인 일입니다."

당시 환경부 자문위원이던 다른 수질 전문가도 이렇게 말했다.

"예전 같으면 실지렁이는 상상도 할 수 없었습니다. 이는 4대강 사업으로 보가 정체되고 수역으로 변했다는 의미입니다. 여울지역에서는 그에 맞는 수서곤충들이 발견되긴 하지만, 실지렁이는 빈산소, 즉 산소부족 상태에서 발견되는 것으로 4대강 사업으로 저질토 상황이 변했다는 걸 의미합니다."

4대강 사업이 완공된 지 4년 만에 환경부가 지정한 최악 지표종인 실지렁이가 금강과 낙동강에 이어 한강에서도 서식하는 것으로 확인된 것이었다. 한강의 수질 자체는 비교적 양호했지만, 저질토의 상태가 급격하게 악화되고 있기에 철저한 정밀조사가 시급한 듯 보였다.

2,300만 명 수도권 시민들의 상수원인 한강 상류에서 시궁창에나 서식하는 실지렁이가 발견되었다는 기사가 나가자,

4대강 사업 논란이 더욱 확산되었다. 정치권과 시민사회에서는 수문개방과 함께 청문회 특별법을 제정해야 한다는 목소리까지 터져 나왔다. 이에 더불어민주당과 환경운동연합, 불교환경연대, 여주환경운동연합, 대구환경운동연합은 4대강 수문개방을 요구하는 성명을 발표했다. 정부는 민·관·학이 공동으로 조사해 신뢰할 만한 자료를 생산하고, 문제가 있다면 국민 건강을 위해 진상을 소상히 밝혀야 했다.

그러나 다음 날부터 예기치 못한 '핵폭탄급' 기사들이 터져 나왔다. 이른바 박근혜·최순실 사태였다. 4대강 이슈는 수면 아래로 묻혔다. 1급수를 4급수로 만든 자들과 함께 붉은깔따구와 실지렁이는 침잠했다. 눈에 보이지 않는 강바닥은 지금도 썩어가고 있다.

대통령의 거짓말

강을 혼자 걷다보면 상념에 휩싸인다. 분노가 일 때면 항상 그가 떠오른다. 숨을 쉬려고 쩍 벌린 입을 녹조 위로 내밀고 몸부림치다가 죽어가는 물고기들을 볼 때도, 수박덩이처럼 엉겨 붙은 큰빗이끼벌레를 딸 때도 그가 떠올랐다. 시궁창 펄에서 맨손으로 실지렁이와 붉은깔따구를 채집할 때도 문득문득 이명박 전 대통령을 생각했다. 그는 농토를 잃은 농민들의 한숨 속에 있고, 강을 잃은 어민들의 악다구니에서도 자주 등장한다. 나도 모진 사람은 아닌지라, 그런 사람들을 볼 때 제일 힘이 든다.

이명박 전 대통령의 회고록 《대통령의 시간》이 출간되었다는 소식에 대체 어떤 내용이 들어 있는지 궁금해서 읽어 보았다. 재임 5년간 진행한 일들을 다루었는데, 4대강 살리기에 "그린 뉴딜"이라는 수식어를 붙여둔 것이 인상적이었다. "4개 태풍과 호우에도 범람 제로" "녹색강국으로, 4대강 자전거길" 같은 소제목도 눈에 띄었다. 그가 기록한 대통령의 시간은 자화자찬을 위해 편집된 시간이었다. 자기에게 유리한 내용은 부각시키고, 불리한 내용은 삭제했다. 시간을 자기 맘대로 짜깁기한 기록을 읽으면서 분통이 터졌다. 그는 정말로 4대강 사업이 성공했다고 생각했던 것일까?

가령 《대통령의 시간》에는 이명박 전 대통령이 4대강의 이수와 치수사업을 통해 경제를 살리겠다고 호언장담한 내용이 등장한다.

> "한국수자원공사에서 4대강 살리기 사업에 8조 원을 투자하기로 했다. 이자는 정부가 내주지만 원금은 4대강 살리기 사업 완료 후 주변 개발에 따른 수익으로 한국수자원공사가 충당하기로 했다."

이 문장만 보면, 한국수자원공사가 순순히 투자를 선택한 것으로 보인다. 하지만 여러 언론에 따르면 당초 한국수자원공사는 '4대강 사업은 치수사업이며, 수입이 없기 때문에 추진이 곤란하다'고 한 것으로 알려져 있다. 그런데 결국 수자원공사는 사업에 참여했고 8조 원을 부담했다. 여유자금이 없어서 은행에서 8조 원을 대출하고 그 이자는 세금으로 지불하기로 한 것이다. 결국 2013년 말 기준 수자원공사의 부채는 14조 원으로 늘었는데, 이는 4대강 사업 전과 비교했을 때 7배 증가한 수치다. 그 빚은 오롯이 국민들이 떠안게 됐다.

애초에, 지구온난화와 이상기후에 대비하기 위해 수해와 가뭄피해를 근본적으로 해결하는 방안으로 4대강 사업을 했다는 주장 자체가 황당하다.

> "1999년 여름, 태풍 올가로 인해 경기와 강원 지역에 국지성 집중호우가 내려 67명의 인명 피해와 1조 490억 원의 재산 피해가 발생했다… 2002년 여름에는 집중호우와 태풍 라마순, 루사 등으로 270명이 사망하거나 실종되고 약 6조 1,000억 원의 재산 피해가 발생했다.
> 다음 해에는 태풍 매미가 상륙해 132명이 사망하거나 실종되고 약 4조 2,000억 원의 재산 피해가 발생했다… 2006년 여름에는 태풍 에위니아와 집중호우로 63명이 사망하거나 실종되고 1조 9,000억 원의 재산 피해가 났다."

이 전 대통령은 "나는 4대강을 이대로 방치하는 것은 국민의 생명과 재산을 지켜야 하는 국가의 책무를 유기하는 행위라 생각했다"면서 수해 예방을 위해 국책사업이 꼭 필요했다고 강조했다. 하지만 그가 예로 든 피해발생지역은 4대강 사업이 시행된 지역과는 전혀 무관한 산간지역이거나 도서지역이었다. 이에 대해서는 정민걸 공주대학교 교수가 예리한 지적을 내놓은 바 있다. "홍수·가뭄은 경기·강원도 산간이나 해안가 섬 등의 4대강 본류와 무관한 장소에 지천이 넘쳐서 발생하는 사고인데 비교적 안전한 본류에 보를 쌓아 홍수에 취약지구로 만들어놓고선 무슨 말을 하는 것인지 모르겠다"며 "내가 강원도나 경기 북부, 경남 산간의 상습피해지역에 사는 주민이었다면 독립선언을 하고 세금 납부를 거부했을 것 같다"고 말했다.

수질과 관련된 사고는 더욱 위험천만했다. 그는 4대강 사업으로 인한 큰빗이끼벌레 논란은 "괴담"으로 치부하고, 녹조가 창궐하고 있다는 사실을 일축했다.

"과거 가뭄이 오지 않아도 갈수기에는 4대강이 녹조로 뒤덮였던 사실을 외면한 주장이다. 실제로 1995년부터 4대강 살리기 사업 전년도까지 단 한 해도 빠짐없이 4대강 곳곳은 극심한 녹조로 뒤덮였다."

녹조는 수온이 25도 이상으로 높게 유지되는 정체수역에서 발생한다. 그런데 이 전 대통령이 말한 '갈수기'는 수온이 떨어지는 가을이며, 다만 갈수기에 형성되는 상류지역 작은 하천이나 본류의 둔치 웅덩이에서 햇볕이 그대로 수온을 높여 녹조가 번성할 수 있을 따름이다. 때문에 갈수기에도 4대강 곳곳이 극심한 녹조로 뒤덮였다는 주장 역시 이치에 맞지 않다.

이 전 대통령이 '4대강 사업 이전에 매년 녹조가 발생했다'고 언급한 곳은 흐르는 물을 막아 형성된 대청호나 하굿둑으로 막혀 생긴 금강호 같은 인공 호수들이다. 녹조는 4대강 사업을 시행한, 물이 잘 흐르던 4대강 본류에서는 발생하지 않던 현상이다.

게다가 4대강 사업이 끝나면 가뭄이 해소된다던 주장도 거짓말로 드러났다. 4대강 준공과 동시에 충청권에 가뭄이 몰아닥쳤다. 충남 부여군 금강과 5킬로미터가량 떨어진 논이 가뭄에 쩍쩍 갈라지고 농사를 짓지 못하게 되자 농민의 볼멘소리가 터져 나왔다. 금강에 물그릇은 키웠지만 사용할 방법은 없었다. 결국 재래식 방법이 동원됐다. 수자원공사와 군부대가 동원되어 차량에 물을 실어 날랐으면서 '4대강 사업 덕분에 가뭄이 해소됐다'고 자화자찬했다.

사실 이명박 정권 이전 우리나라의 물관리 정책은 세계적 추세와 마찬가지로 환경에 대규모로 악영향을 미치는 사업을 하지 않는 방향으로 추진되었다. 이명박 전 대통령은 '4대강에 16개의 보(국제대형댐위원회 규정에 따르면 16개 보 대부분은 대형 댐이다)를 세워 홍수를 예방하겠다'고 했지만 2000년대 초·중반에 이미 건설교통부(현 국토부)는 댐과 제방 같은 구조물로는 홍수 방어에 한계가 있다는 것을 인정했다. 강 유역에 홍수량을 할당하고, 홍수터를 복원하는 등 비구조물적 치수대책을 계획했다. 또한 이 전 대통령은 '물 부족 국가라서 4대강 사업으로 가뭄을 대비하겠다'고 했지만 2006년 우리나라 치수분야 최고 상위계획인 수자원 장기종합계획은 우리나라가 물 부족 국가라는 데 해석을 달리했었다. 4대강 사업으로 강바닥의 모래를 4억 2,000세제곱미터 준설했는데, 이 역시 수질과 생태계에 악영향을 미친다는 점을 건교부의 '친환경하천관리지침', 환경부의 '생태하천에 반하는 사업' 등에서 이미 지적했었다.

죽어가는 금강을 지켜보다가 문득문득 떠오르는 그의 얼굴. 그는 자기가 저지른 짓을 제대로 알고 있을까? 회고록에 담긴 내용을 그는 정말로 믿었을까, 아니면 뻔뻔하게 거짓말을 한 것일까? 그것도 아니면 오만과 탐욕에 눈이 멀어 진실을 보지 못한 것일까?

녹조폭탄

금강에 최악의 녹조가 발생하자, 매년 여름이면 수자원공사에서는 2억짜리 녹조제거선을 띄웠다. 하지만 의미가 없었다. 두꺼운 녹조층은 물속 2~3미터를 넘어 강바닥까지 침범할 정도로 번져갔다. 수자원공사는 밤이면 사람들의 눈을 피해 보의 수문을 열어 몰래 방류하기도 했다.

2015년 여름이었다. 하얀 면포를 사서 물속에 들어가 녹조를 건었다. 면포의 물기를 짜낸 다음 녹조 건더기만 모아 밑이 깨진 양동이를 차곡차곡 채웠다. 작업중에 역시나 온몸에 붉은 반점이 돋아났고 머리가 깨질 듯 아팠지만, 나는 멈추지 않았다. 대단한 예술작품을 만들 듯이 신중하게 계획했던 그 일을 1차 완수했다. 그날 집에 와서는 악취가 나는 몸을 피부가 벌겋게 벗겨질 정도로 긁어야 했지만 말이다.

사흘이 지나자 양동이에 있던 물기가 빠지고 녹조만 남았다. 뚜껑을 여니 구더기들이 꿈틀거렸다. 구역질을 참으면서 맨손으로 구더기를 밀치고 녹조 건더기를 집어 올렸다. 찰흙같이 잘 뭉쳐지지는 않았지만 약간 점성이 생긴 채로 떨어져 나왔다. 숨쉬기 거북할 정도로 역한 냄새가 났지만 녹조로 송편을 빚었다. 녹조로 접시 모양도 만들어 박스 위에 올려놓고 굳히기에 들어갔다.

내 주변으로 파리들이 몰려들었다. 꿀을 향해 모여드는 벌떼 같았다. 녀석들을 쫓으려고 허공에 손을 휘저으며 녹조 반죽 작업을 계속하는데 대학생 두 명이 다가와서 사진을 찍었다.

"왜 찍으세요?"

나는 잠시 손놀림을 멈추고 그들에게 물었다.

"도자기를 빚는 것 같아서 찍었습니다."

뜻밖의 대답에 웃음이 나오는 것을 참고, 진실을 알려주었다.

"이거 강물에서 걷어 올린 녹조입니다."

"네, 정말요? 정말 녹조예요?"

학생들은 "냄새가 너무 심한데요"라고 말하면서도 나에게 다가와 호기심 어린 눈으로 녹조 송편을 건드리면서 물었다.

"냄새가 역겨운데, 왜 만드신 거예요?"

"이명박 전 대통령에게 선물로 보내려고요."

4~5일 동안 말리자 물컹거리기는 해도 형태는 유지되었다. 버려진 박스에 녹조 송편과 접시를 정성스럽게 포장해 우체국으로 향했다. 우편물을 접수하는 직원이 냄새에 얼굴을 찌푸리면서 박스를 가리켰다.

"뭔가 썩는 냄새가 심한데 속에 든 물건이 뭔가요?"

사실대로 답할 수밖에 없었다.

녹조송편

녹조접시

"녹조입니다."

"녹조라고요?"

직원은 크게 놀랐다.

"죄송합니다. 냄새가 심한 것으로 보아 상한 것 같은데, 이런 상태로 보내기는 어렵습니다."

그 직원과 한참 실랑이를 하고 있자니, 넓은 책상에 앉아 처음부터 나를 지켜보던 상급자인 듯한 사람이 다가와서 단호하게 말했다.

"손님, 죄송합니다. 규정상 상하거나 썩은 물건은 보낼 수가 없습니다."

차례를 기다리던 사람들도 술렁거렸다. 나를 흘깃 쳐다보면서 코를 막고 '빨리 나가라'고 눈짓을 했다. 이렇게 해서 이명박 전 대통령에게 녹조를 보내려던 계획은 실패했다. 모양이 망가질까봐 걱정돼서 비닐로 밀봉하지 못한 탓이었다.

나는 그날 이후 한동안 주먹만 한 유리병 20여 개를 차에 신고 다녔다. 혹시라도 그를 만날 기회가 생긴다면 바로 전달하기 위해서였다. 녹조를 담은 것은 녹색 병, 시궁창 진흙을 담은 것은 짙은 회색 병이었다. 진흙 속에는 붉은색을 띤 생명체도 있었는데, 실지렁이와 붉은깔따구였다. 최악수질 4급수 지표종인 녀석들은 밀봉된 유리병 속에서도 한 달 이상 버텼다. 산소제로 지대인 금강 강바닥 상태를 알 수 있다. 녹조에 대해 궁금해하는 사람이 있으면 이 유리병을 보여줬다. 녹조와 실지렁이, 붉은깔따구를 담은 유리병은 어눌한 나의 강의에 활력을 불어넣기도 했다. 모두들 눈이 휘둥그레졌다.

녹조를 밀봉한 유리병들

여기까지는 좋았는데… 어느 뜨거운 여름날, 유리병이 차 안에서 펑 터져버렸다. 썩어서 보글보글 가스가 끓어오르다가 병을 뚫고 나온 것이다. 유리병은 언제 터질지 모르는 '녹조폭탄'이었다. 녹조는 차량 시트는 물론 천장과 유리창에 달라붙어 악취를 풍겼다. 사나흘을 광이 번들거릴 정도로 닦았는데도 냄새는 사라질 줄은 몰랐다.

보복대행전문주식회사

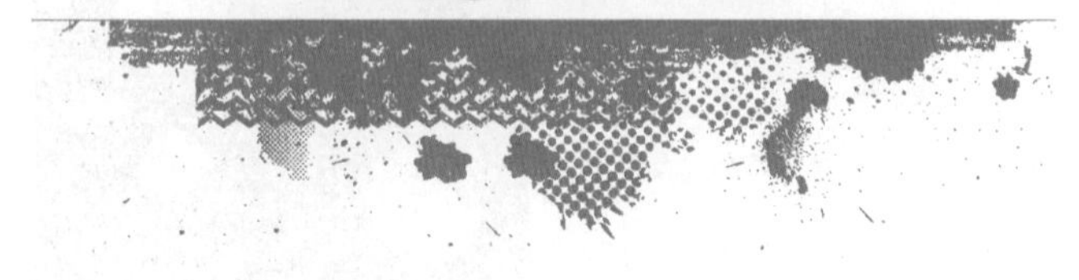

녹조폭탄 냄새가 가시지 않은 차를 몰고 강원도에 간 적이 있다. 트위터 대통령이라고 해서 이른바 '트통령'으로 불리는 이외수 작가의 부름을 받았다. 풍자와 해학, 유쾌통쾌한 한 줄 '사이다 문장'에 나무젓가락으로 그린 감성적인 그림을 곁들인 트위터 글쓰기로 230만 명의 팔로워를 거느린 언어의 연금술사. 그가 왜 나를 보자고 하는지 몹시 궁금했다.

문학인생 43년을 맞아 이외수 작가는 여덟 번째 장편소설인 《보복대행전문주식회사》를 포털 사이트에 연재하고 있었다. 주인공 정동언은 식물과 소통(채널링)이 가능한 30대 은둔형 외톨이다. 친일인명사전에 등재된 조상을 둔 친일파의 후손인데, 물려받은 엄청난 재산을 부끄럽게 여겨 정의를 구현하는 데 쓰는 인물이다. 이 작가는 소설 집필을 위해 나의 이야기를 듣고 싶어했다. 파괴된 4대강의 상황도 듣고 싶다고 했다.

평소 동경하던 작가가 4대강 이야기를 책으로 쓰겠다는데 거절할 이유가 없었다. 〈오마이뉴스〉 김병기 선배와 동행해 이 작가가 거처하는 화천군 감성마을로 향했다. 국도변에서 일회용 커피를 타 마시면서 김 선배에게 비장의 무기인 녹조 유리병을 보여주기도 했다.

빨간 티셔츠에 하얀 카디건을 걸친 이외수 작가는 목에 꽃무늬가 가득한 목수건을 두르고 검은 뿔테 안경을 끼고 있었다. 활짝 웃으며 반겨주었는데, 첫 만남부터 예사롭지 않아 보였다. 동그란 테이블이 놓인 이외수 문학관은 작가의 작품과 책으로 채워져 있었다. 부인 전영자 여사도 우리 일행을 반갑게 맞았다.

이 작가와 4대강 사업의 폐해에 대한 이야기를 주고받았다. 그는 사진으로만 접했던 녹조에 대해 궁금해했다. 마침 김 선배가 녹조 유리병 이야기를 꺼내자 이 작가는 한번 보고 싶다고 했다.

"볼 수는 있는데 냄새가 심해서 책임은 못 집니다."

나는 미리 경고를 한 다음, 차에 싣고 다니던 것 중 작은 녹색 유리병을 가져왔다. 밀봉된 상태인데도 익숙한 악취가 났다.

"냄새가 심하다더니, 실제로 많이 나네요."
"뚜껑을 따면 아마 난리가 날 겁니다."
"한번 열어볼 수 있을까요?"

이 작가의 호기심 어린 요청에 밀폐된 유리병 뚜껑을 열자마자 녹조가 순식간에 부글부글 병 밖으로 끓어오르기 시작했다. 문학관 앞을 비로 쓸던 전영자 여사가 이 모습을 보더니 놀란 목소리로 한마디했다.

"악! 저리 가서 열어요."

전 여사는 배수로를 손으로 가리켰다. 유리병 바깥으로 넘쳐흐른 녹조는 내 손을 타고 흘렀다. 호기심 가득한 눈으로 모여들었던 사람들이 모두들 코를 틀어막았다. 작은 유리병 한 개의 뚜껑을 열었을 뿐인데 문학관 앞은 시궁창 냄새로 가득했다.
이렇게 한바탕 일을 치른 뒤에 우리는 이 작가와 다시 마주 앉았다. 이 작가는 쓰고 있는 소설에 대해 이야기하면서 내게 뜻밖의 사실을 알렸다.

"식물과 대화하는 정동언은 식물로부터 사회악에 대한 제보를 받고 식물의 힘을 빌려서 악을 응징합니다. 식물은 소망의 생명체입니다. 동물은 욕망에 가까운 생명체죠. 욕망이 비대한 생명체들의 시체는 냄새가 지독합니다. 물질적인 요소가 썩었기 때문이죠. 거기에 비물질적인 정신과 영혼이 썩으면 악취가 진동합니다.

정동언은 제일 먼저 고양이를 학대한 사람을 응징하는데, 그 뒤 부패한 정치인, 교수, 언론인 등을 응징합니다. 여기에는 〈민초정론지〉라는 언론사가 나오는데, 고등학교 선생님 출신의 기자가 등장합니다. 폭력배의 위협을 받고 경제적으로도 탈진한 김종술 기자가 모델입니다. 정동언과 함께 4대강을 죽인 학자와 언론인을 응징하는데, 마지막으로 이명박 전 대통령을 어떤 방식으로 응징할지, 상상력을 펴고 있습니다."

뜻밖이었다. 대한민국에서 손가락에 꼽힐 만한 소설가가 쓰고 있는 소설 속 인물의 모델이 바로 나라는 사실이 믿어지지 않았다. 나는 녹조폭탄을 이명박 전 대통령에게 보내서 그를 응징하는 데 실패했지만, 소설 속의 주인공은 그걸 용케 해냈다. 책을 읽으면서 통쾌했다.

그 뒤로 나는 만나는 사람마다 이 책을 판촉사원처럼 홍보하고 다닌다. 한 사람의 분노로는 세상을 바꾸기 어렵지만 많은 사람이 치켜든 촛불은 대통령도 권좌에서 끌어내렸기 때문이다. 보다 많은 사람들과 함께 녹조폭탄을 던지고 싶다. 4대강 사업이 짓밟은 정의를 바로 세우는 꿈을 함께 꾸고 싶다.

나는 왜 환경전문 기자가 되었나?

휴대전화가 울렸다. 시궁창 펄을 뒤집던 시커먼 손으로 전화를 받았다. 누나의 힘없는 목소리가 전해졌다. 머릿속이 새까맸다. 한 달을 넘기기 어려울 것 같다고, 의사가 말했단다. '돌팔이'라고 악담을 퍼부었다. 언제까지나 나를 응원하고 뭐든 아낌없이 내줄 것 같던 어머니가 건강을 잃었다. 세상이 무너져내렸다. 나를 지탱하던 모든 게 무장해제됐다.

어머니는 의사의 말처럼 한 달도 버티지 못했다. 입원 닷새째인 2016년 10월 31일, 감은 눈을 다시 뜨지 못했다. 그게 마지막이었다. 눈을 감은 어머니의 손을 잡자 온기가 남아 있었다. 눈시울이 뜨거워졌다. 참았던 눈물이 코끝을 타고 흘러내렸다. 어깨를 들썩이면서 흐느꼈다. 어머니와의 추억, 어머니에게 한 약속이 머릿속을 스쳐갔다. 이를 악문 채, 미동 없는 어머니의 손을 더 힘껏 쥐었다.

나는 환경전문 기자다. 석산, 골프장, 산업폐기물장 등 소도시 지역 기자들이 다루지 않는 분야만 집중해 취재해왔다. 환경을 전공으로 공부한 것도 아니고 뚜렷한 소신이 있는 것도 아니었다. 다만 마음이 약해서 부탁을 거절하지 못했던 것이 나를 환경전문 기자로 만드는 데 한몫을 했다.

"우리 마을에 석산이 들어와서 마을 사람들이 다 죽어가요. 우리 좀 도와주소!"

헝클어진 머리칼, 바짝 마른 몸매, 허연 수염이 삐쭉삐쭉 튀어나온 광대뼈를 가진 앙상한 노인이 소리쳤다. 장애가 있는 다리를 질질 끌며 앞으로 뛰어나오던 그의 눈에는 핏발이 서 있었다.

지역신문 기자 생활 2년쯤 되었을 무렵이다. 새해가 되면 시장은 공무원들과 단체장들을 이끌고 읍면동 연두 순방을 하는데, 여기에 동행했을 때의 일이었다. 발언권을 얻지 못한 노인이 상석을 차지한 기자들을 향해 소리친 것이다. 사회자는 이야기를 다른 쪽으로 돌리면서 진화에 나섰고 노인은 끌려나갔다. 그 누구도 노인의 목소리에 귀를 기울이지 않았다.

하지만 노인의 호소에 내 온몸이 빳빳하게 경직됐고 눈길은 그를 따라갔다. 노인은 돌아가신 아버지를 쏙 빼닮은 모습이었다. 자꾸만 마른침을 삼켜야 했다. 동정심에 이끌려 노인을 붙들고 어떤 일인지 정황을 들어봤다. 50여 가구가 살아가는 마을에 석산 개발이 추진되면서 찬성파와 반대파가 나뉘어 매일같이 전쟁을 벌이고 있다고 했다. 사업자와 마을 기득권자들이 반대하는 주민을 밤낮으로 괴롭히며 협박을 일삼거나 돈으로 꼬드겨 분탕질하는데, 자신은 석산을 막을 힘이 없다고 눈물을 보였다.

이름 없는 지역신문 초년생 기자가 감당하기엔 버거웠다. 선배 기자들에게 조언을 구했으나 이권이 걸린 마을 싸움에 끼어들지 말라고 만류했다. 고민에 고민을 거듭했다. 밤마다 기침하면서 잠을 이루지 못하던 어린 시절 어머니의 모습이 떠올랐다. 어머니의 호흡기질환이 석산에서 날아든 돌가루 때문이 아닐까 하는 생각이 문득 떠올랐다.

초등학교 때 살던 집 뒤엔 채석장과 시멘트공장이 있었다. 아침이면 어머니는 지난밤 마루와 항아리에 쌓인 돌가루를 닦는 것으로 일과를 시작했다. 하루에 두어 차례 바위를 깨뜨리는 발파가 진행되면 뽀얀 돌가루가 하늘을 뒤덮고 마을에 뿌려졌다. 감나무에도 배나무에도 사각거리는 돌가루가 내려앉았다. 난 아무런 생각 없이 돌가루가 묻은 과일을 옷에 쓱쓱 닦아서 그냥 먹곤 했다. 매일같이 겪는 일이라 신경 쓴 적이 없었다. 내 나이 스물셋 무렵에 아버지가 폐암으로 돌아가셨고, 같은 해에 친구 부모님들도 온갖 질병에 시달리다 해를 넘기지 못하는 경우가 허다했다. 마을엔 유독 암 환자가 많았고 호흡기질병을 앓던 어르신들이 많았다. '아하, 그랬을 수도 있겠다.' 석산에서 날아든 돌가루가 건강을 해쳤다는 것을 그제야 깨달았다.

그러나 나는 석산이 어떻게 추진되고 어떤 피해가 나타나는지 기본적인 정보도 몰랐다. 몸으로 싸우는 주민에게 어떻게 도움을 줘야 할지 파악해야 했다. 우선 어떤 식으로 허가가 나는지부터 알아보기로 했다. 무작정 공주시청 허가부서를 찾아 평소 안면이 있던 직원에게 물었다.

"석산을 개발하려면 어떤 절차를 밟아야 하나요?"

공무원이 두꺼운 책 한 권을 내줬다. 《산지관리법령편람》이라는 제목이 붙어 있다.

"여기에 허가사항 등 모든 게 다 있습니다."

책을 빌려달라고 요구했지만, 거절당했다. 다만 메모를 해 가는 건 가능하다고 해서, 민원인들이 들락거리는 사무실 한쪽에서 내용을 하나하나 적어나가기 시작했다. 다섯 시간쯤 흘러서 퇴근시간인 오후 6시가 가까워오자 담당자가 다가와 "내일 다시 오시면 안 될까요?"라고 물었다. 볼펜을 잡은 검지와 중지에 작은 물집이 올라와 따끔거렸지만 조금만 더 적으면 된다면서 버텼다.

"내일 다시 오셔서 적으시면 안 될까요?"

상기된 표정의 공무원이 연신 시계를 쳐다보며 재촉했다. 그와 눈을 마주치지 않으려고 책의 내용을 옮기는 일에만 집중했다. 하나둘 직원들이 바람처럼 빠져나갔다. 마지막까지 책상 앞을 지키던 공무원은 이따금 한숨을 쉬고 시계를 올려다보았다. 똑딱똑딱 흘러가던 시계는 어느새 저녁 9시를 넘기고 있었다.

"그냥 가져가세요."

책장을 3분의 1도 넘기지 않았는데 공무원이 포기를 선언했다. '질긴 놈이 이기는 것이여!' 아버지의 말씀이 떠올랐다. 입가에 환한 미소가 번졌다. 책의 내용을 그대로 옮기고는 있었지만, 무슨 내용인지 전혀 알 수가 없었다. 그러나 싸울 수 있는 무기가 생겼다는 생각에 기분이 우쭐해졌다. 연거푸 머리를 조아리며 고맙다고 인사를 했다. 출입문을 나서는데 나지막한 소리가 들렸다.

"꼴통새끼, 거머리네 거머리!"

이해가 가지 않는 부분은 밑줄을 쳐가면서 밤새 꼼꼼히 읽었다. 그러나 석산을 추진하는 과정을 이해하기는커녕 오히려 혼란스러웠다. 공주대학교 환경전문 교수를 찾았다. 모르는 부분은 하나하나 짚어가며 상세하게 묻고 또 물었다. 석산 계획이 추진되고 있는 곳과 석산 개발이 진행되고 있는 곳, 석산이 끝난 지역까지 강원도, 경상도, 전라도, 충청도를 넘나들며 70여 곳에 발품을 팔면서 실마리를 찾았다.

그런 다음 배우고 익힌 싸움의 기술을 주민들에게 알려줬다. 그러면서 석산으로 인한 피해를 기사로 써나갔다. 수십 개의 연재기사가 이어졌고 결국은 석산을 막는 데 기여했다. 어찌 보면 기자로서 정상적인 취재와 공부를 한 것인데 강물에 직접 들어가는 일은 다반사였다.
때때로 괴물들과 싸우면서 나 또한
괴물이 된 것은 아닌가 하는 의문이 들 때가 있다.
온갖 멸시와 천대를 받으며
홀로 강변에서 빗물에 밥을 말아 먹었다.

사람들은 나를 환경전문 기자라고 불렀다.

때때로 괴물들과 싸우면서 나 또한 괴물이 된 것은 아닌가 하는 의문이 들 때가 있다. 온갖 멸시와 천대를 받으며 홀로 강변에서 빗물에 밥을 말아 먹었다. 뱀에 물리고 공사 인부한테 두들겨 맞으면서도 취재수첩과 카메라를 놓지 않았다. 두려움에 치를 떨다가 이가 깨질 정도가 되어 정신과 치료를 받기도 했다. 온몸이 울긋불긋한 피부병에 걸려도 머리가 으스러질 듯한 두통이 밀려와도 참아야 했다. 추악한 삽질을 세상에 알리다 몸이 망가지고 마음이 찢어졌다. 이게 다가 아니다. 경제적 재앙이 남아 있었다. 텅 빈 주머니, 매일 시달리는 빚 독촉에 모든 걸 놓고 싶을 때도 있었다. 그럼에도 내가 이 일을 포기하지 않은 것은 나 스스로 어머니, 아버지에게 한 약속이 있었기 때문이다. 꼭 수문을 열어서 한을 풀어드리겠다고.

그래서 어머니를 금강에 묻어드린 후에도 또다시 꽁꽁 얼어붙은 차디찬 강물에 몸을 담그고 시커먼 펄 속에 손을 들이밀었다. 거북이 등짝처럼 갈라진 손등에 눈물을 바르며 바들바들 떨면서 아침 햇살을 기다렸다.

어머니가 돌아가시고 두 달도 지나지 않은 2016년 연말, 뜻밖의 소식이 전해졌다. 내가 제2회 성유보 특별상 수상자

때론 뉴스에 직접 출연해 4대강 사업의 민낯을 증언한다

로 선정되었다는 소식이었다. 직업기자가 아닌 시민기자로서는 꿈도 꾸지 못하던 일이어서 기쁨이 더 컸다. 시상식에서 상을 건네던 분의 말씀이 귓가를 떠나지 않는다.

"혼자서 힘들게 걸어가는 김종술 기자에게 성유보 선생님이 친구처럼 언제나 같이할 것이다."

그렇다. 이제 나는 혼자가 아니다. 나를 기억하고 지지하며 물심양면으로 도와주는 이들이 있다. 거리로 내몰릴 위기에서 포기하려던 순간 시작된 스토리펀딩에서 수많은 사람들의 격려와 응원 덕분에 용기를, 희망을 보았다. 겨울 한파만큼이나 얼어붙은 경제에도 손을 내밀어준 그들이 있기에 거짓은 결코 진실을 이기지 못한다는 진리 하나만 믿고 처음으로 돌아가 다시 시작하려 한다. 앞으로 몇 년이 더 걸릴지 모르는 싸움이다.

[3부]

강의 삶

고철덩어리, 보

4대강 사업으로 건설된 보는 16개다. 일본은 댐을 15년에서 20년 정도 정성을 들여서 건설하는데, 4대강 사업은 2년 만에 완료됐다. 완공 당시에는 '명품보'라는 찬사가 퍼부어졌지만, 실제로는 '고철덩어리'에 가깝다. 천문학적인 예산을 투입하고도 고철덩어리로 불리는 이유는 간단하다. 수시로 고장이 나 멈추기 때문이다.

지난 2009년 5월 착공한 세종보는 4대강 사업의 일환으로 2,177억 원의 예산을 투입하여 건설했다. 총 길이 348미터로 고정보 125미터, 가동보 223미터, 높이 2.8~4미터에 저수량이 425세제곱미터인 '전도傳導식 가동보'다. 속도전으로 밀어붙여 4대강에서 가장 빠른 2012년 6월 20일 준공했고, 정부는 시공사인 대우건설에 훈장과 포장을 수여했다. 하지만 '최고의 명품보'라고 자랑하던 세종보는 완공 5개월 만에 수문과 강바닥 사이에 쌓인 토사가 보의 수문을 여닫는 유압장치에 끼면서 결함이 드러났다.

콘크리트 구조물인 세종보, 공주보, 백제보 모두 수시로 누수현상이 발생했고, 수문 고장도 잦았다. 세굴이 생기면서 측면침식에 역행침식까지 발생하여 농경지를 소실시키기도 했다. 한겨울에도 잠수부가 동원되어 보수를 해야 했다. 해마다 4차례 정도 수문을 열고 점검과 유지보수를 하지 않고는 수문이 열리지도 않는다.

《4대강 X파일》의 저자인 최석범 수자원 기술사가 금강을 방문한 적이 있다. 4대강 수문개방에 따라 현장조사를 하고 3개 보 및 보령댐으로 용수를 공급하는 도수로 현장을 돌아보기 위해 찾은 것이다. 그는 게이트 시설물(전도식 가동보)이 검증이 안 된 것으로 보인다고 지적했다. 퇴적토 유입량을 예측해야 하는데 툭하면 고장 나는 것으로 보아 근본적인 문제를 안고 있다는 것이다.

또한 그는 어도의 높이가 상당한데 물고기가 오를 수 있는가에 대해서도 문제를 제기했다. 물고기가 다니도록 어도를

이포보
여주보
한강
강천보
세종보
금강
공주보
백제보
상주보
낙단보
구미보
낙동강
칠곡보
강정고령보
달성보
합천창녕보
영산강
창녕함안보
승촌보
죽산보

4대강에 설치된 16개의 보

세종보는 수시로 고장이 난다

보를 점검하는 잠수부

보의 유압실린더에 쌓인 토사를 제거하고 있다

만들어놓았는데, 성인이 걸어서 오르기도 힘겨울 정도로 가파른 어도는 물고기에겐 사실상 무용지물일 터였다. 사람으로 치면 국가대표 운동선수가 아니고는 도저히 오를 수 없는 높이라는 것이다. 4대강 사업 초기 공주보 어도는 인공 구조물을 최소화한 '자연형 어도'였다. 그러나 보가 만들어지고 어도를 통해 첫 개방이 이루어졌을 때, 어도 주변 둔치의 흙이 함께 쓸려나가면서 거대한 협곡으로 변했다. 준공을 미루던 정부는 처음 선정한 공법을 포기하고 콘크리트를 깔고 '계단식 어도'를 만들어 '복합형 어도'라고 칭했다. 결국 자연의 힘 앞에서 정부가 자랑한 기술은 한낱 허구임이 드러난 것이다. 비단 공주보뿐만이 아니다. 콘크리트로 포장된 어도는 물고기들이 다니기엔 짧고 높다. 2년이라는 시간 안에 공사를 마무리하겠다는 조급함이 부른 치명적 약점이다.

또한 4대강 사업으로 세종보, 공주보, 백제보 등에 물을 받아두었다가 사용하게 되었다고 하는 것도 잘못된 설명이다. 보에서 물을 뽑아 쓴 다음에는 다시 물이 고일 때까지 기다리지 않고 상류 댐의 용수를 공급받아 보를 채우게 된다. 금강의 경우, 대청댐에서 하천유지용수(희석용 물)로 흘려보내는 물이 초당 70톤, 하루 8만 톤 정도다. 결과적으로 백제보에 갇힌 물을 사용하는 게 아니라 상류에서 흘려보내는 대청댐의 용수를 사용하는 셈인데, 사람들은 이걸 4대강 용수라고 착각한다. 깨끗한 물을 흘려보내 고인 물과 뒤섞어서 썩은 물을 상수도로 공급하는 황당한 일이 벌어지고 있다.

식수 공급을 위한 댐은 오염원이 없는 곳에 건설되어야 하며, 불가피하게 오염원이 있다면 오염원에 대한 고도정수 처리 후에 공급되어야 한다는 것이 상식이다. 국가가 법에 명시해놓은 진리다. 오염원을 줄이기 위해 도심에서 오염원이 흘러드는 곳에 고도정수 처리장을 건설했으나, 녹조가 심해져 오염원이 가중되고 있는 것도 또 다른 문제다.

홍수조절이라는 보의 기능도 효과가 없다. 보로 인해서 수위가 상승하는 데 대응하기 위해 바닥을 준설했는데, 곧 퇴적이 이루어져 효과가 없었다. 실제로 보는 홍수를 예방하는 게 아니라 홍수에 취약하게 할 뿐이다.

모든 문제를 종합적으로 고려해볼 때 결국 해결하는 방법은 하나다. 하루빨리 이 고철덩어리 보를 철거하는 것이다.

숨겨질 뻔한 기름유출사고

2016년 세종보를 찾았을 때다. 보 하류에는 밀가루를 풀어 놓은 듯 하얀 기름이 띠를 이루어 흘러내리고 있었다. 기름 띠 주변으로 물고기들이 머리를 쳐들고 가쁜 숨을 몰아쉬었다. 노란색 긴 호스가 강물에 떠 있고 두 명의 잠수부가 물속에서 공기방울을 내뿜고 있었다. 기름이 유출되는 상태에서도 잠수부를 동원해 공사를 밀어붙인 것이다.

"무슨 공사를 하시나요? 저기 시멘트 같은 게 흘러내리는데, 뭐죠?"

"아, 별거 아니에요. 보 수문을 작동하는 유압실린더에 문제가 있는지 벽으로 조금 타고 흐르네요."

한국수자원공사 세종보 담당자의 설명이었다.

"저거 기름 아닌가요?"
"기름인데, 친환경이라 아무 문제가 없어요."

나는 그 말을 믿지 않았다. 강변에 있던 파란 천막을 걷어내고 기름통에 적힌 빨간색 경고문구를 확인했다. 친환경 기름이라는 말은 거짓이었다. 다시 따져 물었다.

"무슨 소린가요? 친환경이라고 하지만 윤활유인데. 기름통에 '삼키면 유해함, 피부에 자극을 일으킴, 눈에 심한 자극을 일으킨다'고 적혀 있잖아요?"

그제야 당황한 듯, 담당자는 작업을 중단하겠다고 했다. 그래도 이미 흘러내린 기름이 문제였다. "빨리 오일펜스를 설치하고 기름을 제거해야 하지 않느냐"고 재차 다그쳤다. 직업기자들은 기사를 쓰는 게 우선이겠지만, 나는 환경이 파괴되는 상황을 당장 중단시키는 게 더 시급했다.

한국수자원공사 화물차량에 오일펜스가 담긴 빨간색 자루 4개가 들어왔다. 오일펜스를 설치하느라 물 밖과 보트에서 분주하게 움직였다. 기름을 빨아들이기 위해 흡착포를 운반

해 와 그걸 물속으로 던져넣었다. 그 시간까지 잠수부는 기름이 몽글몽글 솟구치는 물속에서 기름 유출 부분을 찾느라 연신 오르락내리락했다.

'최고 명품보'라고 홍보하던 세종보였는데, 장맛비로 수문을 연 게 화근이었다. 상류에서 떠밀려온 토사가 수문에 쌓인 상태에서 억지로 수문을 작동하면서 수력발전소 쪽 유압실린더 호스가 터진 것이다. 유출된 기름은 보를 세우고 눕히기 위해 유압실린더에 들어가는 작동유(하이드로신 바이오 46, 생분해성 유압작동유)였다.

환경부 산하 금강유역환경청에 사실 확인을 위해 전화했다. 담당자는 관련 사실을 모르고 있었다. 담당자는 수자원공사에 연락해서 조치를 취했다. 당시 새어나간 기름은 300리터 정도였다. 기름유출 사고가 발생하면 수자원공사는 환경부나 세종시 등 자치단체에 보고하고 공유하면서 협조해야 함에도 조치를 하지 않은 터였다. 사고가 난 지 반나절이 되었는데도 원인을 찾지 못한 채 기름은 계속해서 유출됐다. 그야말로 관리 시스템의 총체적 문제가 드러난 것이다.

대부분의 언론도 현장에 모습을 드러내지 않았다. 이들은 수자원공사가 배포한 보도자료를 그대로 기사로 내보냈다. 친환경 기름이 유출되었기 때문에 수생태계에는 아무런 피

유출된 기름을 흡착포로 걷어내고 있다

해가 없다는 내용이었다. 현실과 전혀 다른 내용으로 기사가 쏟아지기 시작했다.

내가 입수한 수자원공사의 수질분석 자료는 당시 언론보도와 달랐다. 사고 당일 오후 6시 40분께 채수하여 수자원공사가 분석한 시료 중 사고지점과 펜스 안쪽에서 유해성분 4개 항목이 검출됐다고 적혀 있었다. '(z)-9-옥타데센산 2' '2-다이메틸-1' '3-프로판 디일 에스터'와 1급 발암물질인 '벤조(a)피렌' 등 유해성분이 검출된 것이다.

결국 '세계적인 명품보'는 잠수부들이 다시 세웠다. 손으로 물속을 더듬어 토사를 끌어낸 뒤에 작업공정을 마칠 수 있었다. 그사이 기름과 뒤섞인 물의 양은 무려 8,000만 리터 정도였다. 펌프카 수백 대 분량이다. 수자원공사는 물 위에 뜬 기름을 제거한다며 보란 듯이 펌프카를 동원해 두세 차례 기름을 걷어내기도 했다. 그러나 사고 발생 5일째, 수자원공사는 안내판도 없이 7월 15일까지 공사를 마무리하겠다며 경비를 동원해 외부인 출입을 차단했다. 차단된 틈을 타 그동안 홈통에 갇혀 있던 펌프카 수백 대 분량의 물을 양수기를 동원해 밖으로 빼버렸다. 그 물을 금강 하류로 흘려보냄으로써 모든 증거를 완벽하게 없앴다.

기름유출 사고는 4대강 공사중에는 수시로 터졌다. 잇따른 기름유출 사고에 대해 작업 및 관리 부주의를 질타하는 목소리가 높았다. 당시 민주당 손학규 대표와 이인영, 이미경, 양승조, 박범계 등 국회의원을 비롯해 정치인들이 현장을 찾아 공사 중단을 요구하기도 했다. 그러나 이명박 정부는 아랑곳없이 공사를 밀어붙였다.

당시 4대강 사업을 찬동하던 보수언론도 기름유출 사실 은폐의 공범이었다. 관청에서 내보내는 보도자료를 확인 없이 베꼈다. 기름유출량도 축소하고, 기름제거 작업이 완료됐다는 환경부의 말을 그대로 내보냈다. 결국 사고를 낸 업체는 몇 푼의 벌금을 부과받고도 공사에서 배제되지 않았다. 농민들은 기름이 유출되었는지도 모른 채 그 물로 농사를 지었다. 이건 온당치 않았다. 4대강 공사 사고현장에 가면 나는 늘 화가 치밀었다. 스마트폰으로 다른 언론의 기사를 검색하면서 더 분노했다.

그들은 계속 숨겼지만, 물 위에 기름이 뜨듯이 진실은 저절로 드러났다.

수녀와의 동행

2017년 4월, 〈오마이뉴스〉를 통해 한 통의 쪽지가 왔다. 비난이나 욕설이면 어쩌나 걱정하며 열었는데, 예상 밖의 내용이 담겨 있었다.

'한 달간 동행하고 싶다'는 것이었다. 어안이 벙벙했다. 혼자 강에서 먹고 자면서 취재했기 때문에 동행은 부담스러웠다. 핸드폰으로 툭하면 이상한 전화가 걸려오는 터라 혹시나 해코지당하는 게 아닐지도 두려웠다. 한참을 고민하다가 답장하지 않았다. 그런데 다음 날 전화가 걸려왔다. 상대는 자신을 수녀라고 밝혔다.

"수도복은 안 됩니다. 사복을 입으세요. 강변에서 밥도 해 먹고 잠도 자야 합니다. 씻는 건 고사하고 화장실도 없어요. 뱀에 물릴 수도 있으니 자신 없으면 포기하는 게 좋습니다."

대차게 쏘아붙였다. 사실상 '오지 말라'는 거절의 뜻이었다. 하지만 수녀는 눈치가 없었다. 내 겁박이 안 먹혔다. 결국 수녀의 동행 요청을 받아들였다. 나를 설득시킨 결정적인 한마디는 이것이었다.

"4대강 사업뿐 아니라 모든 아픔과 함께하고 싶습니다."

수도복이 아니라 사복을 입고 수녀가 왔다. 나와는 상의도 없이 며칠 뒤에는 공주터미널 부근에 원룸도 얻었단다. 차곡차곡 동행을 준비하는 수녀를 보고 덜컥 겁이 났다. 늘 혼자였는데, 이제부턴 누군가와 함께해야 한다는 생각에 불안하고 어색했다. 감시자가 생겼다는 찝찝한 기분도 들었다. 불편한 일도 많았다. 밥 먹을 때 수저 하나 더 놓고, 잠잘 때 텐트 한 개 더 치면 되는 게 아니었다. 사람이 온다는 건 그렇게 간단한 일이 아니었다.

수녀도 쉽지는 않았을 거다. 언젠가부터 하루 종일 물을 먹지 않았다. 화장실에 가지 않으려고 취한 특단의 조치였다. 가슴까지 올라오는 장화를 신고 시커먼 펄이 된 금강에서 허우적댔다. 구더기가 들끓는 죽은 물고기를 맨손으로 만졌고, 악취가 진동하는 녹조 강에 들어가기도 했다. 구역질나는 시커먼 개흙을 맨손으로 헤집고 실지렁이와 붉은깔따구를 찾아냈다. 수녀가 힘들어할 때마다 나는 다소 퉁명스럽게 말했다.

"거 봐요. 힘든 일이니까 포기하라고 했잖아요."
"사람이 아니라 물고기의 눈으로 강을 보고 새의 눈으로 강을 살피세요."
"동물들 놀라게 툭하면 소리부터 지르면 어떻게 해요."

수녀는 의지를 꺾지 않았다. 수녀도 나처럼 슬퍼하고, 나처럼 온몸으로 뛰어들었다. 녹색 강에서 물고기 사체를 건져 올리면서 울음을 터뜨리기도 했다. 강변에서 뜯은 민들레를 고추장에 버무려 한 끼를 해결했을 때는 복통을 호소하며 배를 움켜쥐고 식은땀까지 흘렸다. 현장 동행을 중단하고 병원에 가보라며 등 떠밀어 집으로 보냈는데, 나중에 알고 보니 병원에 가지 않고 그냥 집에서 앓았다고 했다.

이렇게 약속했던 한 달이 흘렀을 즈음이었다.

수녀는 가슴까지 올라오는 장화를 신고
악취가 진동하는 녹조 강물에 들어갔다.
때때로 누군가와
동행하고 있다는 것을 느낀다.
우리는 여럿이 함께 걷고 있다.

“기자님 저 3개월가량 동행을 연장하려는데 어떠세요?”

수녀가 물었다. 특별한 동행 한 달, 수녀에게 잔소리를 늘어놓았지만 사실 혼자가 아닌 것이 든든했다. 더 이상 혼밥이 아니라 함께 밥을 먹을 사람이 있다는 것도 좋았다. 속으로는 ‘잘됐다’고 생각했는데, 막상 입 밖으로는 쓴소리부터 나왔다.

“왜요? 더 볼 것도 없는데, 그냥 돌아가세요.”
“이제야 하나둘 죽은 물고기, 금강의 아픔이 보여요.”

수녀는 사람들을 금강으로 데려왔다. 매일 취재를 해야 하는 기자이기에 수녀와의 특별한 동행기를 기사로 작성해 올렸더니, 1년에 고작 두세 차례 4대강 사업에 망가진 현장을 찾던 사람들이 자주 찾아오게 되었다. 성가소비녀회 총장수녀도 금강을 찾았다. 전국 곳곳에서 수녀들과 신부들이 찾아와 금강을 위해 노래하고 기도해줬다. 기사 아래에 수많은 네티즌들의 응원 댓글이 달리기도 했다. 덕분에 여기저기 언론들의 취재가 늘었고, 문재인 정부 들어서는 4대강 수문이 개방되기까지 했다. 나에겐 또 다른 축복이었다.

"나 없어도 약 꼭 챙겨 드세요. 귀찮더라도 밥 꼭 챙겨 드시고요."

3개월이나 더 동행한 수녀가 떠나며 한 말이다. 수녀와 참 많은 시간을 강에서 보냈다. 혼자서는 엄두도 못 냈던 투명 카약을 금강에 띄웠다. 기계를 잘 다루지 못하는 내가 덜컥 드론을 산 것도 수녀를 믿었기 때문이다. 조작법을 배울 때 곁에서 설명서를 꼼꼼히 읽어 알려주고 가이드 역할을 해줬다. 평상시에는 허드렛일까지 나서서 해주며 도움을 줬다. 되돌아보니 가르친 것보다 배운 게 더 많은 나날이었다.

떠나는 수녀를 위해 따뜻한 밥 한 끼를 차렸다. 금강에 차린 최후의 조찬이었다. 아침부터 3,800원짜리 피조개를 사서 무치고 낙지도 한 마리 사서 갖은 재료를 넣고 볶았다. 밥에는 아끼던 검은콩과 옥수수도 넣었다. 수녀가 처음 온 날과 마찬가지로 강변에서 밥을 먹었다. 누룽지도 만들었다.

"수녀님들과 함께 또 올게요."

내겐 잔소리꾼이었던 수녀가 떠나며 한 말이다. 한편으론 홀가분한데 자꾸 눈물이 흘렀다. 미안하다는 말은 끝내 하지 못했다. 영원한 작별이 아니기에 '안녕'이라는 말을 하지는 않았다. 수녀와의 특별한 동행이 끝나자, 아침부터 굵은 장대비가 쏟아졌다.

수도원으로 돌아간 수녀가 옷을 벗었다는 소식이 들려왔다. 기도로 세상을 바꿀 수 없다며 세상 더 낮은 곳에 뛰어들었다는 얘기를 들었다.

나는 오늘도 금강변을 혼자 걷는다. 하지만 혼자라는 생각은 들지 않는다. 때때로 누군가와 동행하고 있다는 것을 느낀다. 우리는 여럿이 함께 걷고 있다.

[미국 댐 답사기 1]

댐의 시대는 갔다

4대강을 오랫동안 취재해온 사람들이 있다. 〈오마이뉴스〉 시민기자와 직업기자로 구성된 4대강 특별탐사보도팀이다. 자전거와 투명카약을 타고 4대강 현장을 누비며 꾸준히 4대강 민낯을 고발해왔다. 이명박·박근혜 정권으로부터 4대강을 해방시키자는 취지로 '4대강 독립군'이라고 부르는 나의 가족 같은 동지들이다.

4대강 독립군들은 2017년에 시민모금으로 마련한 비용으로 미국의 강을 현지 취재했다. 과거 미국은 댐 건설의 나라였다. 공병대에 공식 등록된 댐만도 9만 개다. 등록되지 않은 댐을 전부 합치면 250만 개로 추정된다. 세계 최대 규모다. 그중 국제대형댐위원회(ICOLD)에 등록된 높이 15미터 이상의 대형 댐은 9,265개다.

현재 미국은 댐 철거의 나라다. 1912년 이후 1,300개의 댐을 철거했다. 특히 지난 30년간 1,000개의 댐을 부쉈다. 2017년 한 해 동안 부순 댐만도 62개다. 국내 4대강 찬성론자들은 16개 보를 해체하자고 말하면 무슨 큰일이 날 것처럼 호들갑을 떨지만 미국은 댐 철거를 자연스럽게 받아들이고 있다.

인천국제공항에서 비행기로 8,300킬로미터를 날아 미국 시애틀 공항에 도착했다. 곧바로 미국 워싱턴 주 북서부, 캐나다 국경에 인접한 엘와 강 하구에 갔다. 차에서 내려 하굿둑을 밟기 직전에는 뜨악했다. 검은 펄에 하얀 배를 뒤집은 물고기들이 떼로 죽어간 금강과 비슷한 모습이었다. 검은색 바닥에 둥둥 뜬 허연 나뭇가지들이 태평양을 배경으로 펼쳐졌다.

검은 땅을 직접 밟으면서부터 선입견이 깨지기 시작했다. 발밑으로 전해지는 감촉은 4대강 사업 이후 금강에서 항상 보아온 펄과 달랐다. 검은 모래였다. 냄새를 맡아봤다. 금강처럼 시궁창 냄새가 아니었다. 짠 소금 냄새도 아니었다. 오랫동안 산골짜기를 타고 여울에서 뒹굴며 씻기고 씻긴 흔적이 역력한, 맷돌로 곱게 간 듯한 강모래였다. 검은 모래 위에 누워 있던 흰색 나뭇가지의 정체도 가까이서 보니 자연이 만들어낸 아름다운 조각품이었다. 손으로 문지르니 매끄러운 감촉이 전해졌다. 강 상류에서부터 바위에 부딪치고 여울에 뒹군 덕분에 단단한 나무껍질을 고운 사포로 밀어낸 듯 결이 고왔다. 그 수백 년 된 거대한 나무뿌리를 한국에 들여오면 호텔의 실내장식으로 쓸 수 있을 듯했다.

엘와 강, 그 검은 모래의 품에서 잠시 쉬는 건 인간이 아니었다. 대자연의 전시장을 관람하는 주인공이 누구인지 검은 모래 위에 새겨진 발자국이 말해줬다. 네 발자국을 남겨놓은 야생짐승과 두 발로 거니는 도요새, 갈매기… 거대한 검은 모래 삼각주에는 파도소리와 새소리가 끊이지 않았다. 현재의 금강이 아니라 4대강 사업 이전 황금 모래밭이 펼쳐졌던 금강을 떠올리게 하는 광경이었다. 순간 호기심이 발동했다. 금강에서 가끔 그랬듯 엘와 강에서도 하구로 흘러드는 물을 떠먹었다. 텁텁하거나 찝찝하지 않았다. 생수 같았다. 이곳은 2011년 엘와 강에 있는 두 개의 댐을 열면서 새롭게 생겨난 기적의 땅이었다.

#엘와 강의 삶과 죽음

비가 오락가락하는 날이었다. 가는 비가 내리다가 금세 굵어졌고, 잠시 멈췄다가 다시 내렸다. 워싱턴 주 포트앤젤레스의 원주민 엘와 클랄람 부족과 함께 찾은 엘와 강은 양쪽 경사진 둔치 사이로 흐르는 물줄기에 쪽빛이 감돌았다. 급경사인 여울에서도 쪽빛 포말이 일면서 시원한 물소리가 쏟아졌다.

자연스러운 계곡형 강의 모습이지만, 몇 년 전만 해도 이런 풍경은 볼 수 없었다. 이곳의 거센 물살을 두 개의 댐이 가로막고 있었기 때문이다. 수력발전용으로 1914년 건설된 엘와 댐과 1927년 지어진 글라인스 캐니언 댐이었다. 하류에서 9킬로미터 지점의 엘와 댐은 높이 33미터였고, 24킬로미터 지점의 글라인스 캐니언 댐은 높이 64미터인 대형 댐이었다. 두 댐 모두 하류에 위치한 제지공장에 전기를 공급하려는 목적에서 건설되었고, 엘와 댐의 물은 정수되어 2만여 명에게 공급되기도 했다. 엘와 댐이 지도에서 사라진 건 2011년, 글라인스 캐니언 댐은 2014년이다.

클랄람 부족 프랜시스 찰스 부족장은 올림픽국립공원 내 엘와 댐의 흔적이 내려다보이는 언덕 위에서 이렇게 말했다.

"댐은 장벽이었습니다. 모든 걸 차단했지요. 연어가 강에 오르는 것을 막았고, 연어가 다른 생물들과 만나는 것을 막았습니다. 또 연어가 우리 부족과 만나는 것을 막았고, 우리 부족의 문화적인 전통 가치를 후대들이 접하는 것을 막았습니다."

엘와 강이 있는 올림픽 반도는 태평양 연어 5종의 주요 산란지이자 서식지였다. 약 45킬로그램에 달하는 시누크연어가 강 상류로 거슬러 오르는 곳이었다. 그러나 댐이 들어서자 회귀성 어종인 연어들이 치명적인 영향을 받았다. 연어 산란지 및 서식지 90퍼센트가 막힌 것이다. 연어 개체수가 급감했다. 핑크연어는 댐 건설 전 연간 28만 마리였지만, 댐 건설 뒤에는 200~500마리 수준에 머물렀다. 다른 연어도 마찬가지였다. 두 댐은 법률에 규정된 형식적인 어도조차 만들지 않았다.

애초에 클랄람 부족은 댐 건설을 강력하게 반대했지만, 미국 내무부 소속 원주민국은 이런 의견을 제대로 전달하지 않았다. 아니, 무시했을 것이다. 이는 원주민 부족이 연어 50퍼센트를 잡을 수 있도록 연방정부와 맺은 조약을 어긴 것이었다.

엘와 강은 원주민들의 삶의 터전이었다. 찰스 부족장은 "강줄기를 따라 우리 선조들의 흔적이 고스란히 남아 있다"며 "방사성탄소 측정 결과 주거지 터는 800년, 조상들의 무

엘와 강, 그 검은 모래의 품에서
잠시 쉬는 건 인간이 아니었다.
네 발자국을 남겨놓은 야생짐승과
두 발로 거니는 도요새, 갈매기…

ⓒ정대희

덤은 2000년이 넘은 것으로 나온다"고 말했다. 이들에게 연어는 주요 먹을거리이자 생계수단이었다. 또한 전통문화 그 자체였으며, 풍요의 상징이었다.

연어의 감소는 원주민들의 삶과 문화까지도 해체했다. 엘와 강 생태 시스템이 원주민을 부양할 수 없게 되자, 수천 년간 이어져온 공동체가 붕괴됐다. 원주민들은 선사시대 이래 삶의 터전이었던 엘와 강을 버리고 타지로 떠나거나 벌목꾼 등으로 생계를 유지했다고 한다.

이 대목에서 우리나라 4대강 사업이 떠올랐다. 그들의 과거는 우리의 현재였다. 댐을 허물기 전 엘와 강 원주민들의 피폐한 삶의 전철을 우리도 따라가고 있기 때문이다. 4대강 사업 전 금강 유역의 어민들은 고기잡이로 풍요하지는 않아도 부족하지 않게 삶을 꾸려갔다. 선조들의 경험은 장어 등 고가의 물고기가 어디에 서식하는지, 산란철이 언제이며 어떤 시기에 어떤 도구로 물고기를 잡아야 하는지에 대한 지식을 속속들이 후대에 전수했다.

그러나 4대강 사업으로 '보'라 불리는 댐이 들어서자 그런 일들은 거짓말처럼 사라졌다. 그물에는 고기 대신 썩은 펄과 녹조만 잔뜩 올라왔다. 생계를 위해 젊은 어부들은 도시의 일용직으로 떠나고, '수위 자리에도 써주지 않는' 나이 든 어부만이 습관적으로 배를 몰고 강으로 나가지만, 돌아올 때는 그저 깊은 한숨뿐이었다. 이렇듯 자연 개조의 피해는 어디서나 힘없는 약자들 몫이었다.

다른 게 있다면 금강은 여전히 댐으로 인한 피해가 계속되는 반면, 엘와 강은 2011년부터 2년 6개월 동안 두 개의 댐이 철거돼 자연스럽게 회복되고 있다는 점이다. 미 환경보호청(EPA) 자료에 따르면, 엘와 댐 등의 철거 비용은 2,690만 달러(약 305억 원), 강 복원에는 수력발전소 매입비용, 어류 산란장 개설 등에 총 3억 2,470만 달러(약 3,676억 원)가 들어갔다고 한다.

미국 역사상 최대 댐 해체 작업이었던 엘와 강 복원에 대해 프레젠테이션을 한 어류연구 담당관 마이크 맥헨리 역시 원주민인 클랄람 부족이었다.

> "댐이 있을 때는 퇴적물 때문에 수질이 오염돼서 문제를 일으키기도 했지만 지금은 깨끗합니다."

그는 "현재 펄의 58퍼센트가 씻겨 내려갔는데, 예상보다 상당히 빠른 속도로 강이 정화되고 있다"고 말을 이었다. 그리고 댐이 철거되자 연어가 돌아오기 시작했다. 맥헨리는 "현재는 수천 마리에 불과하지만, 30년 후면 20만 마리가 돌아올 것"이라 말했다. 엘와 강 상류까지 연어가 올라가 산란

하는 모습도 확인됐다. 장어 등 이전까지는 볼 수 없었던 다양한 생물종도 돌아오고 있었다.

#댐이 철거된 이유

엘와 강에서 댐이 철거된 이유는 연어 복원에 잠재한 생태계서비스 이익과 강 복원의 경제성 때문이었다. 2011년 한국을 방문해 4대강 사업의 문제점을 지적한 바 있는 국제 하천전문가인 독일 카를스루에 대학 한스 베른하르트 교수는 유럽과 북미 지역의 댐 철거에 대해 "연어는 단지 한 종이 아니라 자연성 회복이 가져올 경제적 이익이 크다는 것을 상징한다"고 밝히기도 했다.

엘와 댐이 1978년 댐 안전성 평가를 통과하지 못한 것이 철거 논의의 단초였다. 앞서 1963년에는 멸종위기종법이 통과돼 일부 연어가 멸종위기종으로 등록됐다. 이를 바탕으로 원주민과 시민단체의 댐 철거운동이 거세졌다. EPA에 따르면 1990년대에 대부분의 환경검토 보고서가 제시한 연어 등 회귀 어류와 강 복원 방법은 댐 철거였다.

이를 바탕으로 1992년 엘와 강 생태계와 어장 복원을 위한 법(엘와 강 복원법)이 통과됐다. 이어 네 가지 복원 시나리오가 담긴 보고서가 미 의회에 제출돼 본격적인 논의가 시작됐다. 1995년 복원 관련 최종 환경영향평가는 두 댐을 철거하는 것으로 결론이 났다. 1996년 평가에서는 댐에 쌓인 퇴적토가 하류의 자연적인 침식에 도움이 될 것이라는 결론을 얻었다.

물론 댐 철거에 대한 반대의견도 있었다. 댐에 가깝게 사는 사람일수록 반대의견이 높았다고 브라이언 윈터 감독관이 말해주었다. 댐이 철거되면 필요한 전력을 얻을 수 없는 데다 경제가 낙후될 수 있다는 우려 때문이었다. 하지만 댐에서 생산된 전력은 지역의 수요와 발전용량에 비해 극히 미미한 수준이었다.

브라이언 감독관은 "댐 철거 전후 경제성을 자세히 비교하는 자료는 없지만, 지금이 경제적으로 이득"이라 말했다. "필요한 전력은 다른 지역에서 공급되면서도 강의 흐름이 자연적으로 복원됐기 때문"이라는 것이다. 반대하던 주민들도 우려했던 문제가 발생하지 않아 안도하고 있다고 귀띔해주었다.

댐이 철거되고 강이 복원되자 엘와 강이 바다와 만나는 지점에 놀라운 일이 벌어졌다. 댐으로 막혀 있던 퇴적토가 내려오면서 후안 데 푸카 해협으로 이어지는 자연스러운 유사 흐름이 복원됐다. 하구에 350만 세제곱미터의 퇴적토가 쌓이면서 삼각주가 형성됐다. 현장에 방문했을 때 우리는 드넓은 퇴적토에 서식하는 도요새, 꼬마물떼새, 갈매기 등 다양한 새들을 확인할 수 있었다. 이렇게 형성된 삼각주로 자연스럽게 해변이 형성됐고, 조개류 등이 살 수 있게 됐다.

퇴적토가 밀려 내려오면서 일시적으로 탁도 문제가 대두됐지만 2015년 이후부터는 어느 정도 해결됐다는 것이 마이크 담당관의 말이었다. 처음에는 댐 퇴적토를 인공적으로 퍼내려고 했지만, 비용 문제로 포기하고 자연력에 의해 천천히 흘려보내는 방향으로 계획을 바꿨다.

엘와 강 복원의 특징은 침식에 의한 하도 변화를 꾸준히 관찰하고 있다는 점이다. 댐 철거 이후 만년설에서 내려오는 유량과 유속의 변화에 따라 침식현상이 활발해졌다. 엘와 댐 상류 8킬로미터 지점에서는 이를 확인할 수 있었다. 강 좌안은 미국측백나무, 우안은 오리나무 군락지가 형성돼 있는데, 침식에 의해서 나무들이 하도로 쓰러져 있는 모습을 볼 수 있었다. 마이크 담당관은 "침식과정에서 쓰러진 나무들은 다른 생물들의 먹이 및 서식처 기능을 하는 등 생태적 역할을 한다"고 말했다. 강 복원은 인간이 과도하게 간섭하기보다 강의 흐름에 맡겨두는 것이 바람직하다는 의미이다.

브라이언 감독관은 한국의 4대강 사업에 대해 자세한 맥락을 몰라 뭐라 하기 어렵다면서도 "댐은 무조건 문제를 몰고 온다"고 지적했다. 댐을 지을 때 악영향을 경감시킬 수 있는 사전조치가 필요한데, 그것이 잘 안 돼 미국도 문제가 많이 발생한다고 설명했다. 미국 내 댐 철거 정책에 대해 "지역마다 다르다, 댐을 필요로 하는 지역도 있다"면서도 "안전과 경제성 등 때문에 최근 대형 댐을 짓지 않는 추세는 맞다"고 밝혔다.

#댐의 시대는 갔다

미국의 댐 정책은 탐험, 개발, 복원의 과정으로 설명할 수 있다. 서부 개척시대 강은 탐험과 모험의 대상이었다. 이를 통해 금광 등 막대한 부를 얻을 수 있다는 믿음 때문이었다. 이어 정착민들이 생기자 무수히 많은 댐이 들어서는 개발의 시대가 이어졌다. 1800년 미국 제3대 대통령 토머스 제퍼슨 임기부터 1990년대까지 매일 하루에 하나씩 댐이 생길 정도였다.

그러다 1990년대부터는 달라지기 시작했다. 단적으로 미 내무부 연방개척국장 댄 비어드가 "댐의 시대는 갔다The era of dams is over"고 말했다. 더 이상 댐을 지을 공간이 없어진 측면도 있지만, 강의 고유한 유황, 즉 계절에 따른 유량과 유속 변화를 자연스럽게 하는 것이 이득이라는 인식이 대두한 것이다. 다시 말해 강을 복원하는 시대가 왔다. 유럽도 비슷한 경향을 보였다.

사실 한국도 같은 흐름이었다. 2000년대 초중반 한국은 홍수를 강의 일부로 인정하는, 선진국형 물 정책을 계획했다. 그러나 이명박식 4대강 사업은 국제적 하천 정책의 흐름과 정반대로 진행됐다. 4대강 사업이 '강 살리기'라는 것을 두고 국제적 하천전문가들이 코웃음 친 것도 이때문이었다.

브라이언 감독관은 "엘와 강 복원에 관계된 모든 이들의 공통된 생각은 '강은 반드시 와일드해야 한다'는 것"이라고 말했다. 때론 거친 역동성과 생명을 품는 야생성이 존재하는 강이 더 많은 가치를 만들 수 있다는 의미다. 그것이 결국 사람에게, 그리고 자연 그 자체에게도 유리하다는 판단이다.

강 복원의 경제성이 높다고 판단되면, 복원하는 것이 효율적이다. 엘와 강 사례처럼 경제적이면서도 강 복원에 따른 생태계서비스를 누릴 수 있기 때문이다. 더욱이 4대강 사업과 같은 잘못된 정책의 피해가 누적되고 있다면 이를 바로잡는 복원은 반드시 필요하다. 거듭 강조하지만 우리 강을 자연스럽게 흐르게 하는 것이 곧 돈을 버는 일이다. 그것도 건강하게 말이다.

#연어는 힘이 세다

미국 연어는 힘이 셌다. 콘크리트 댐을 뚫었다. 워싱턴 주 올림픽 국립공원을 관통하는 엘와 강, 그 위에 세운 댐 두 개를 허문 건 매년 강을 거슬러 오르던 연어 떼였다.

"매년 강으로 오르려고 콘크리트 벽에 부딪히며 죽어가는 수많은 연어를 봤습니다. 연어들은 머리가 깨지면서도 끊임없이 튀어 오르며 발버둥을 쳤습니다. 그걸 볼 때마다 안타까웠습니다. 그건 바로 나의 모습이었거든요. 우리 부족의 고통이었어요. 연어가 강을 거슬러 오르려고 싸우듯이 우리도 댐을 부수기 위해 싸웠습니다."

클랄람 부족장 프랜시스 찰스가 엘와 댐 폭파현장에서 한 말이다. 클랄람족의 싸움에 가장 큰 힘이 되었던 것은 1963년 미 의회를 통과한 멸종위기종법이다. 덕분에 시누크연어의 몸값이 상승했다. 1970년대 후반과 1980년대 초, 엘와 댐의 전력생산 면허 갱신이 다가왔을 때 이 부족은 환경단체들과 연대해서 싸웠고, 1995년에 전력회사는 면허 갱신을 포기했다.

원주민들로부터 싸움의 역사를 듣고 있자니 문득 이런 의문이 들었다. 우리가 너무 쉽게 포기한 건 아닐까? 지금도 싸우는 사람들이 있지만 4대강에 기대 살던 농민들과 어민들은 국가권력의 폭력 앞에 무너져내렸다. 몇 푼 안 되는 보상금과 선조 때부터 농사를 짓던 땅을 맞바꾸고 고향을 등졌다. 불도저식으로 밀어붙이는 이명박식 독재 앞에 어쩔 수 없었던 일이라 생각할 수 있지만, 이곳 원주민과 비교하니 안타까웠다. 마을을 지킨 건 언론도, 환경단체도 아닌 원주민들이었기 때문이다.

올림픽 국립공원에 있는 엘와 강은 상류에 오염원이 거의 없고 천혜의 자연을 간직한 곳이다. 두 개의 댐에 막혔어도 수질 문제가 크게 대두하지는 않았다. 그럼에도 미국은 2011년에 엘와 댐을 철거했고, 우리는 이듬해인 2012년에 16개의 댐을 4대강에 건설했다. 미국은 댐을 철거해 잃어버린 경제와 공동체 부활을 준비하고 있고, 우리는 댐을 건설해 환경과 지역경제를 망치고 있다. 댐을 허무는 미국, 4대강 댐을 유지하는 한국, 누가 옳은 것일까?

[미국 댐 답사기 2]

트럼프 대통령도 못하는 일

4대강 독립군이 처음으로 찾아간 미국 워싱턴 시의 엘와 강은 연어 회귀와 수질 문제가 겹쳐서 댐 철거가 결정됐다. 두 번째로 찾아간 워싱턴 주의 화이트새먼 강 콘딧 댐도 연어 회귀 등의 문제로 철거됐다. 미국 오리건 주 남서부를 지나는 클래머스 강의 4개 댐은 물고기 떼죽음과 녹조 창궐 등의 문제를 일으켜 2020년까지 동시 철거하기로 결정되어 있었다. 마지막으로 우리는 샌 클레멘트 댐, 아니 댐을 철거한 현장을 찾았다.

샌 클레멘트 댐은 미국 캘리포니아 주 몬테레이 카운티에 있는 몬테레이 남동쪽 약 24킬로미터 지점의 캐멀 강에 놓인 아치형 댐이었다. 캐멀 강과 샌 클레멘트 계곡 합류점 바로 아래쪽에 있던 것이었다.

#사라진 샌 클레멘트 댐

드넓은 초원에 드문드문 보이는 집, 도로 양쪽으로 늘어선 아름드리나무는 한 폭의 풍경화였다. 평화로운 미국 서부의 '캐멀 밸리'에 이르자 자동차 엔진이 꺼졌다. 약속한 시간보다 일찍 도착했다. 4대강 독립군들이 길가에 서 있는데, 차량 한 대가 다가와 멈췄다. 차량에 붙은 '캘리포니아 아메리칸 워터CA American Water'라는 문구가 눈에 들어왔다. 인사도 제대로 나누지 못했는데, 아메리칸 워터의 로버트 제임스 감독관이 우리 일행을 재촉했다. 그는 전미 21개 주에 식수를 공급하는 민간회사 아메리칸 워터에서 37년째 근무중이라고 했다.

굽이굽이 산길을 내달렸다. 창밖으로 펼쳐지는 울창한 숲에 눈이 매혹됐다. 원시림 한복판을 달리는 기분이었다. 도중에 사슴을 만나기도 했다. 로버트 감독관이 "이곳에는 퓨마도 산다"고 말했다. 중간에 4륜구동의 작은 차로 옮겨 탄 뒤부터는 아찔한 풍경의 연속이었다. 비가 내리는 비포장 산길을 오르자 옆은 천 길 낭떠러지였다. 차는 자주 빗길에 미끄러졌다. 그럴 때마다 간담이 서늘했다. 천신만고 끝에

샌 클레멘트 댐이 있던 자리

댐 철거 현장이 내려다보이는 언덕에 도착했다. 만세와 박수소리가 터졌다.

사라진 샌 클레멘트 댐의 흔적을 찾기는 힘들었다. 콘크리트 댐이 있던 자리엔 시원한 계곡물이 흘렀다. 로버트 감독관은 최근 몇 해 동안은 가물었지만, 올해는 25~50년 빈도의 홍수가 발생하고 유난히 비가 많이 와서 많은 물이 흐르고 있다고 말했다. 댐 철거 현장을 내려다보며 로버트 감독관에게 댐을 철거한 이유를 물었다.

"안전 때문입니다. 규모 7.0의 지진을 견딜 수 없었거든요."

식수원인 댐을 고작 내진설계 기준 문제로 철거했다니, 믿기지 않는 대답이었다. 그의 설명이 이어졌다.

"댐이 만들어진 건 1921년이었습니다. 매년 이맘때쯤 수문을 열어 방류했는데, 저수지와 수문의 유입구에 많은 양의 퇴적토가 쌓였습니다. 저수지가 더 이상 저수 기능을 못할 정도로요. 거기다가 지진이라도 발생하면 댐 구조물이 지탱하지 못할 거라고 판단이 되어 철거했습니다."

그의 설명에 의하면 샌 클레멘트 댐은 몬테레이 반도 주민 약 8만 명(3만 5,000가구)의 식수를 공급하기 위해 지어졌다. 정수처리 시설에선 하루 6,700만 갤런(약 25만 3,600세제곱미터)의 물이 정화되었다고 했다. 그런데 점차 지표수를 식수원으로 사용하는 데 관한 규정이 까다로워졌다. 이곳 댐의 정수처리 시설이 가진 기술로는 충족시키지 못할 정도로 엄격해졌다. 하지만 이 문제가 댐 철거의 결정적인 이유는 아니었다.

"퇴적토를 제거할 방식을 찾다보니 댐을 철거하는 게 최적이라고 판단했습니다. 파이프로 배출하는 방법, 따로 퇴적토를 퍼내서 실어 나르는 방법 등을 논의했으나 댐 철거가 비용을 절감하는 가장 좋은 방법이었습니다."

댐 철거과정에서 경제성도 중요하게 고려되었지만, 한편으로 환경단체들이 적극적으로 나서기도 했다.

"환경단체들은 기금을 만들어 댐 철거사업을 지원했습니다. 무지개송어 등 멸종위기종 어류의 서식지가 줄어들면서 멸종위기야생동물 보호와 관련된 다양한 기관, 조직들도 앞장서서 댐 철거를 지지했습니다. 댐에 아주 큰 어도가 있었는데 물고기가 자유롭게 드나들지 못했거든요."

댐 철거에 대한 주민들의 반발은 없었는지 묻자, 그는 오히려 댐을 철거해야 한다는 게 주민들의 일반적인 정서였다고 설명했다.

아메리칸 워터가 관리하는 다른 댐의 상황에 대해서도 물어보았다.

"우리는 공공기관이 아니고 일반 고객에게 식수를 공급하는 민간회사입니다. 만약 필요하다고 판단되면 댐을 짓기도 하지요. 하지만 지금은 댐을 짓는 시기는 지났습니다. 댐을 지어서 문제를 해결하는 일은 드물어요. 캐멀 강 상류에 '로스 파드레스'라는 이름의 흙댐이 있는데, 그곳이 우리가 관리하는 유일한 댐입니다. 식수 공급을 위한 저장댐은 아니고 어류 등의 서식지 보호를 위한 강물 정화를 목적으로 만들어진 댐입니다."

정리하면 이렇다. 샌 클레멘트 댐은 안정성과 퇴적토 문제를 겪었다. 처음엔 댐 철거가 아니라 퇴적토 문제를 해결하는 방법을 논의했다. 하지만 가장 좋은 방법은 댐 철거였다. 여러 정부기관과 함께 댐 철거 허가와 방식을 놓고 논의한 끝에 최종적으로 미 공공서비스위원회의 허가를 받았다. 이런 행정 절차를 거쳐 2년간 댐 해체작업에 들어가 2015년 12월 철거가 완료됐다.

#미국에서는 불가능한 일이…

안정성과 퇴적토 문제를 놓고 보면, 샌 클레멘트 댐은 한국의 경북 영주댐과 판박이였다. 영주댐은 여기에 더해 수질 문제까지 겹쳐 있다. 미국은 댐 철거를 결정했으나 한국은 댐을 지키기 위한 궁리만 하고 있다. 갖은 누수와 균열로 '4대강 누더기보'라는 세간의 비판이 이는데도 아랑곳하지 않는다. 언제 붕괴될지 모르는 불안감과 심각한 녹조 현상을 고스란히 껴안고 사는 게 대한민국의 현실이다.

샌 클레멘트 댐의 운명에서 영주댐의 미래를 찾을 수 있었다. 해체 수순을 밟는 것이다. 4대강 재자연화는 선택이 아니라 필연의 과정이다. 4대강 독립군들이 한국의 4대강 상황을 설명하자 로버트 감독관은 이렇게 말했다.

"당신들의 강은 계절 변화라든가 이런저런 요인에 의해 유황 변화가 클 것 같습니다. 저수지에 갇힌 물이 수층의 온도 차이로 매년 위아래로 뒤집히면서 더 문제를 악화시킬 테고요. 녹조를 제거하려고 약품처리도 할 것입니다. 하지만 약품처리는 역효과만 납니다. 매우 극단적인 방식이고 비용만 잡아먹습니다. 미국의 경우 유입수가 오염되면 정수처리 시설의 법적 규제요건을 충족시키지 못합니다."

한국식 4대강 사업이 미국에서도 가능하다고 생각하는지 묻자, 그는 단호하게 답했다.

"한국의 4대강 사업과 같은 일은 미국에서 일어날 수 없습니다. 사전에 여러 전문가들이 긴밀하게 협의해 문제를 해결하니까요. 여러 기관과 전문가들의 조언을 구할 수 있는 시스템도 구축돼 있습니다. 아메리칸 워터는 21개 주에서 영업중인 큰 회사여서 각종 분야의 전문가들로 구성된 광범위한 네트워크를 갖고 있습니다."

만약 한국의 이명박 전 대통령처럼 미국 도널드 트럼프 대통령이 강행한다면? 그의 대답은 칼 같았다.

"그래도 어렵습니다. 캘리포니아 주정부가 거절하면 끝입니다. 한국의 4대강 사업은 여기서 결코 벌어질 가능성이 없습니다."

전력이나 식수 생산 등의 명확한 목적을 가지고 지어졌던 미국의 댐들은 수질, 어류 회귀, 안전성 등 복합적인 문제를 이유로 해체되어가고 있었다. 댐 해체에 결정적으로 작용한 논리는 무엇보다 경제성이었다. 즉 댐을 유지하며 비용을 들이기보다 댐을 해체하는 게 이득이라는 판단이었다. 7박 9일간의 미국 취재 일정을 끝내고 돌아오는 비행기에서 적자가 나서 댐을 해체했다는 전문가의 명료한 설명이 귓가를 떠나지 않았다. 한국의 4대강에 지어진 16개 댐 역시 미국 댐의 문제점을 그대로 노출하고 있다. 너무 쉽고 단순한 해답을 놓고 우리는 너무도 멀리 돌아가고 있다는 생각이 들었다.

22조 2,000억 원이 투입된 4대강 살리기는 유지관리 비용으로 매년 6,500억 원이 들어간다고 한다. 수자원공사가 빚진 8조 원의 이자 3,500억 원을 합하면 1조 원가량이 해마다 사라지고 있다. 이런 천문학적인 세금이 빠져나가는데 국민들은 세금이 어떻게 쓰이는지 큰 관심이 없다. 2018년 환경 예산은 지난해에 비해 1,204억 원 늘어난 6조 6,356억 원으로 확정됐다. 이 중 4대강 등 수질개선 관련 예산은 당초 정부안에 비해 1,451억 원이나 증가했다고 한다. 대체 얼마나 더 많은 세금을 쏟아부을 것인가. 미국처럼 댐을 민간기업이 관리했다면 그 기업은 수십, 수백 번 파산했을 것이다.

털 빠진 너구리

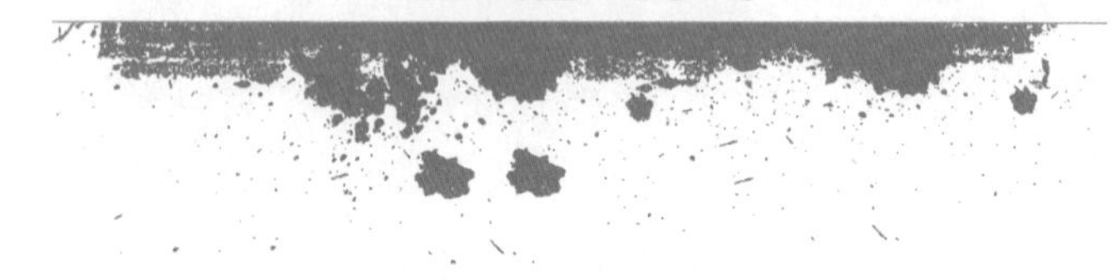

언젠가 한번은 대청댐 상류부터 세종을 거쳐 공주까지 자전거를 타고 온 학생들이 이런 질문을 던졌다.

"4대강 사업으로 녹조가 발생하고, 물고기가 떼죽음 당했다는 금강에 큰빗이끼벌레까지 창궐하면서 악취까지… 썩어버린 금강이 4대강 후유증을 겪는다는 것을 기사를 통해 봤는데, 생각과는 다르게 아름답게 보여요. 뭐가 잘못되었다는 건지 모르겠고, 이렇게 아름다운 강변에 왜 사람이 없는지 궁금해요."

강변에 가을철 억새가 흐드러진 모습을 보며 자전거도로만 타고 온 학생들의 눈에는 당연히 신문지상에 오르내리는 파괴된 금강의 모습은 보이지 않고 아름다웠을 것이다.

학생들을 곰나루 선착장으로 안내했다. 가까이서 물을 보고 냄새도 맡고 만져보라고 했다. "탁해요, 냄새나요"라며 한마디씩 내뱉었다.

사람이 찾지 않아 쓸쓸한 강변풍경에 보태지는 것은 쓰레기다. 가정에서 사용하던 싱크대를 비롯해 전기장판, 냉장고 등 가전제품부터 신발, 저금통, 김치통, 고무대야, 스티로폼, 축구공 등 PVC 제품류의 생활쓰레기와 콘크리트, 전봇대 등 산업용쓰레기까지 버려져 강변은 각종 쓰레기로 넘쳐났다. 강변 곳곳에 쓰레기를 소각하면서 타다 만 PVC가 엉겨 붙은 데다 깨진 소주병과 맥주병이 방치되어 위험이 도사리고 있었다. 차량 진입이 가능한 강변에는 속옷과 스타킹, 콘돔 등 탈선 현장에서나 볼 수 있는 쓰레기까지 버려졌다. 심지어 죽은 소마저 내다버리는 지경이니, 강변은 거대한 쓰레기장이라고 할 만했다.

강물이 썩었다. 물고기도 하루가 멀다 하고 죽어갔다. 새들도 야생동물도 죽어가는 강변에서 시름시름 앓았다. 죽은 물고기를 먹고, 썩은 강물을 마신 탓이다.

사람이 찾지 않아 쓸쓸한 강변풍경에
보태지는 것은 쓰레기다.
심지어 죽은 소까지
내다버리는 지경이니,
강변은 거대한 쓰레기장이라고 할 만했다.

그날도 금강을 혼자 걷고 있었다. 수자원공사는 세종보와 공주보가 고장 나자 수리하려고 금강의 수위를 낮췄다. 물 빠진 금강을 취재하려고 공주보 상류 1.5킬로미터 지점에 들어갔다. 전에는 금빛 모래밭이었던 곳이 4대강 공사 후 5년여 만에 악취가 풍기는 펄밭으로 변했다.

멀리 작은 웅덩이에 고개를 처박고 물을 마시는 동물이 보였다. 처음엔 근처에서 키우는 강아지로 생각하고 가까이 다가가면서 "이리 와라" 소리쳤다. 돌아서서 피하는 모습이 부자연스러웠다. 빨리 도망가지도 못했다. 녀석이 느릿느릿 한 발짝씩 힘겹게 내딛으면서 우거진 갈대숲으로 들어갈 때까지, 나는 뒤를 쫓으면서 카메라 셔터를 눌렀다.

너구리였다. 피부병에 걸렸는지 털이 군데군데 빠졌고, 비쩍 말라 앙상한 가죽만 남았다. 가슴이 먹먹해졌다. 무엇을 해줄 수 있을까? 내 주머니를 뒤졌다. 내가 할 수 있는 일이라곤 간식으로 가져간 초콜릿 하나를 갈대숲에 놓고 오는 것이 전부였다.

털 빠진 너구리 사진을 넣은 기사를 썼더니 지난 2015년 금강에서 큰빗이끼벌레를 처음으로 발견한 뒤에 올렸던 기사만큼 반응이 뜨거웠다. 4대강 공사로 인한 공산성 붕괴 특종을 했을 때보다 더 화끈한 반응이었다. 한 독자는 '좋은 기사 원고료'로 100만 원을 보냈고 '4대강 사업에 앞장선

정치인, 학자, 언론인을 꼭 심판대에 세워달라'는 전화도 빗발쳤다.

사진 한 장의 힘. 이건 비참한 4대강의 진실에서 나오는 힘이었다. 독자들이 털 빠진 너구리 사진에서 본 것은 안타까운 금강의 맨얼굴이었다. 22조 원에 이어 매년 수천억 원씩 세금을 쏟아부으면서 4대강을 이 지경으로 만든 사람들의 거짓말에 분노한 것이다.

유령공원

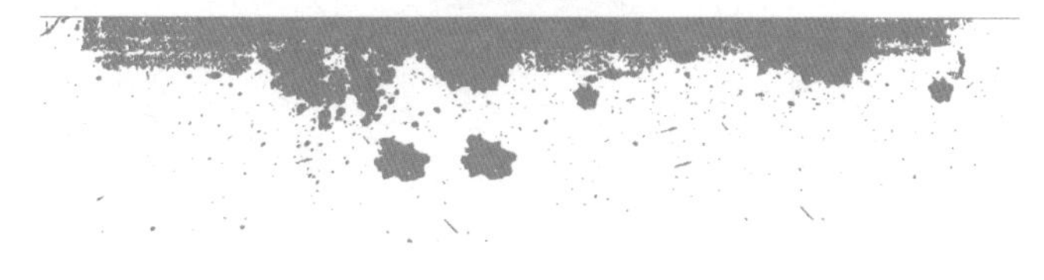

4대강에는 '유령공원'이 많다. 이명박 정부는 4대강 사업의 하나로 수변 생태공간을 만든다며, 3조 1,132억 원을 들여 모래성을 쌓았다. 이렇게 세운 수변공원이 전국에 357개다. 금강에는 90개가 있다. 7만 명이 거주하는 부여군에 여의도공원의 50배가 넘는 생태공원이 생겼다. 그런데도 부여군민은 공원이 없다고 불만이다. 국민 혈세로 세운 거대한 공원이 유령공원이 됐기 때문이다.

원래 야생동물의 공간이었던 곳을 불도저로 밀어내고 수조 원을 들여 조성한 인공 생태공원인데, 애당초 사람들이 근접하기 어려운 곳이었다. 사람이 찾지 않아 거미줄만 늘어났다. 잡초가 사람 키보다 높게 자라 정글에 와 있는 듯한 착각이 들 정도다. 전망대와 의자, 평상 등의 시설물도 무관심 속에 부식된데다 나무와 잡초로 뒤덮여 있어 사람의 공간으로 보기 어렵다. 죽은 소나 무심히 가져다 버리는 공원으로 전락했다.

백제보 상류 왕진교 아래 수변공원도 그랬다. 한번은 그곳에서 취재하고 있는데, 거친 기계음이 들려왔다. 연례행사인 잡초 제거를 위해 대형 트랙터가 유령공원을 향해 굉음을 내며 달려온 것이다. 풀숲에 몸을 숨기고 있던 고라니와 너구리 등 야생동물이 부리나케 몸을 피했다. 그러나 트랙터 소리에 놀라 공원에서 뛰쳐나간 야생동물들은 종종 도로에서 죽음을 당하곤 했다. 그날 유령공원 옆 도로에서는 쉴 새 없이 급브레이크를 밟는 소리가 울렸다. 아스팔트 위에 너구리와 고라니 사체가 나뒹굴었다. 유령공원 단장이 야생동물 '로드킬'로 이어진 것이다.

물론 4대강 사업 당시 공원을 때깔 좋게 만든다며 나무를 심는 데도 엄청난 혈세가 투입되었다. 강을 따라 정체 모를 나무가 꽂혔다. 오죽하면 4대강 사업이 한창일 무렵에는 인기 있는 나무의 가격이 30~40퍼센트 이상 치솟았다. 느티나무, 벚나무, 왕벚나무, 이팝나무는 사고 싶어도 없어서 못 샀

로드킬 당한 고라니

다. 나무들의 몸값이 오르면서 품귀현상을 불렀다. 강가에서 살던 나무는 파헤쳐지고 버려졌고, 산에서 들에서 자라던 나무가 강으로 왔다. 그러나 4대강 사업 9년이 지난 지금, 강에 가면 말라죽은 나무를 쉽게 볼 수 있다. 뿌리를 내리지 못하고 죽어가는 나무는 흔하다.

유령공원에 나무심기운동은 최근까지도 계속되고 있다. 대전지방국토관리청이 해마다 '금강권역 둔치 유지관리 비용'이라는 명목으로 사용한 세금은 100억 원 정도다. 하지만 나무를 심는 데만 든 비용은 공개하고 있지 않다. 엉뚱한 나무를 심는 데 세금이 낭비되고 있어도 모를 일이다.

세종시는 나무 옮겨 심기에 바쁘다. 4대강 사업으로 세종

인적 없는 생태공원

갈대와 나무가 시설물을 뚫고 자랐다

보 앞 자전거도로에 심었던 벚나무와 왕벚나무가 말라죽어서다. 강변을 걸으며 나무들의 상태를 살폈더니 120그루 중 80그루가 죽었다. 세종시는 나머지 40그루를 사업비 1억 4,000만 원을 들여 다른 장소로 옮겨 심었다. 세종시 담당자는 벚나무는 홍수에 취약해서 강변에 심지 않는 나무인데, 국토부가 4대강 사업을 하면서 심었던 게 토양에 맞지 않았다고 해명했다. 2018년 세종시에서 환경개선 사업으로 나무를 심으려고 하니 국토부가 기존에 나무가 있던 장소에만 심으라고 해서 전문가의 자문을 받아 말라죽은 나무를 뽑고 이팝나무 80그루를 심었다는 것이다.

4대강 사업의 악순환은 계속되고 있다. 문재인 정부 들어 일부 지자체들은 4대강 사업 흔적 지우기에 또 돈을 쏟아붓고 있다. 국토부가 이용률이 떨어지는 수변공원을 정리하겠다고 나서자 세종시, 공주시, 부여군 등 자치단체가 기존의 유령공원을 밀어버리고 새로운 공원을 만들고 있다. 도대체 얼마나 많은 혈세를 들여야 '공원다운 공원'이 될까?

공주시 석장리 박물관 상류 강변은 신규 공원을 조성하느라 장비와 공구를 다루는 사람들의 손놀림이 바쁘다. 공주시는 2018년까지 7억 원을 투입해 '금강가도 경관 조성사업'이라는 이름으로 공원을 만들고, '금강 르네상스' '금강

옛 뱃길 복원사업' '금강 수면 종합관광레저' 등 사업을 준비중이다. 4대강 사업으로 만든 쌍신생태공원은 밀어버릴 계획을 세우고 있다. 그 부지에 축구장을 건설하겠다는 것이다. 두 개의 축구장 건설에 들어가는 비용만 도·시비 포함 20억 원이다.

부여군도 마찬가지다. 백제보 하류에 5억이 넘는 돈을 투자해서 축구장을 신규로 만들었다. 2킬로미터가량 떨어진 상류에 4대강 사업으로 만든 축구장은 사용자가 없어 잡초만 무성한데 말이다.

오늘도 강변에서 뛰쳐나온 삵 한 마리가 로드킬을 당했다. 조각난 사체를 뜯던 까치도 달려오는 차량을 피하지 못했다. 털 빠진 너구리들도 유령공원 어디쯤엔가 서성이고 있을 것이다. 사람도 찾지 않고 야생동물도 마음 놓고 살지 못하는 유령공원을 관리한답시고 매년 세금을 투입하고 새로 짓느라 혈세를 낭비하는 이 아이러니는, 대체 무엇을 위해서일까?

사라진 금강이, 머릿속이 하얘졌다

나는 1년에 340일은 금강에서 산다. 식량을 구할 때 외에는 강변에서 먹고 강바닥을 뒤진다. 비행기를 띄우거나 투명카약을 타고 촬영하는 일도 많지만, 강의 곳곳에는 여전히 접근하기 어려운 부분이 있었다. 그러다가 2017년 어렵게 드론 '금강이'를 장만한 뒤부터 날개를 달았다.

그전까지는 장화를 신고 물속에 들어가서 물고기의 눈으로 기사를 썼지만, 금강이 덕분에 새의 눈으로 죽어가는 금강을 한눈에 내려다볼 수도 있게 되었다. 높이 날고 멀리 볼 줄 아는데다 강변 구석까지 샅샅이 훑는 금강이는 나에게 '제3의 눈'이자 외로운 취재의 동반자이기도 했다. 녀석을 하늘에 띄워놓고 하루에도 대여섯 차례씩 SNS에 사진을 올리고 기사를 썼다.

금강이는 4대강 독립군들과 함께 낙동강도 누볐다. 4대강 사업의 마지막 사업구간인 영주댐의 충격적인 진실을 알려준 것도 금강이가 찍은 동영상이었다. 낙동강에 맑은 물을 흘려보내겠다고 1조 1,000억 원을 들여서 만든 영주댐이 녹조카펫처럼 썩어가는 모습을 생생하게 담아낸 현장 영상이다.

새의 눈으로 금강을 조명하는 금강이로 인해 텅 빈 금강에 사람들이 찾아들었다. 수녀님도 찾고 학생들도 다녀갔다. 이번에야말로 수문이 열릴지 모른다는 희망에 빠져, 나는 시한부 인생을 선고받은 환자처럼 밤낮을 가리지 않고 열심히 뛰어다녔다.

2017년 가을, 금강에 반가운 손님이 왔다. 충남문화재단에서 2016년에 이어 두 번째로 금강을 찾았다. 나는 아침부터 저녁까지 쉬지 않고 금강을 알렸다. 그들이 코스로 잡아놓은 자전거길 대신 일정을 조정해 옛길로 안내했다. 혼자 가끔씩 다니던 절벽 길을 선택했다. 공주시에서 세종시로 편입된 불티교 아래 청벽 길을 보트를 타고 들어가서 걸어서 돌아오는 코스였다.

당일 탐사대와 함께 보트를 탔다. 기암절벽의 산수화 같은

금강 녹조를 드론으로 촬영했다

금강 하굿둑이 열리던 날을 드론으로 촬영했다

아름다운 금강이 펼쳐졌다. 유명 화가의 작품에서 볼 법한 웅장한 바위와 수백 년은 되어 보이는 소나무에 감탄사가 쏟아졌다. 탐사대가 환호하자 나도 즐거웠다. 청벽은 조선시대 대문장가인 서거정이 '중국의 적벽과 조선의 청벽을 동일시할 정도로 풍경이 멋있다'고 평한 곳이다. 16년 전까지 도로로 이용되다 상류에 불티교라는 다리가 건설되면서 묻힌 옛길이다.

4대강의 아픈 속살과 함께 탐사대의 모습을 화면에 담고 싶었다. 절벽 모퉁이에서 보물 1호 금강이를 띄워 올렸다. 새털처럼 가볍게 날아올랐다. 금강이의 눈을 통해 금강의 아름다운 풍광이 한눈에 들어왔다. 금강이는 시험비행을 마치고 의기양양한 모습으로 돌아왔다. 먼지라도 묻을라 깨끗한 수건으로 닦아주었다.

보트에서 내려 옛길을 따라 걷던 도중 소설《금강》의 저자인 김홍정 작가가 금강에 대한 이야기보따리를 풀었다. 넋을 놓고 김 작가의 말에 귀를 기울이는 탐사대의 모습을 찍으려고 다시 금강이를 띄워 올렸다. 10미터, 20미터 부드럽게 날아올랐다. 화면이 한쪽으로 기울지 않도록 수평을 맞추며 금강이를 절벽 쪽으로 날렸다.

그 순간 자석에 이끌리듯, 금강이가 40미터 높이의 직벽 바위 쪽으로 빨려들었다. 순식간이었다. 안간힘을 다해 떨어뜨리지 않으려고 노력했다. 하지만 눈 깜박할 사이에 절벽에서 자라는 나뭇가지 속으로 파고들었다. 파닥거리는 날갯짓과 함께 동작은 멈췄다. 나뭇가지만 바라보고 뛰었다. 그러나 40미터 높이의 일직선 절벽엔 접근할 수 없었다.

머릿속이 하얘졌다. 손발에 힘이 쭉 빠졌다. 아무것도 생각나지 않아 털썩 주저앉았다. 혹시나 하는 생각에 119에 도움을 요청했다. 그러나 생명이 아닌 물건 구조는 힘들다는 답변이 돌아왔다. 내가 직접 오르기는 불가능했다. 절벽을 타고 오를 산악인이 있는지 지인들에게 수소문했다. 다행히 충남산악구조대로 활동하는 지인과 연락이 닿았다.

청양에서 아이들을 가르치는 선생님이라 수업이 끝날 때까지 기다려야 했다. 가슴 졸이며 기다리고 있노라니 저녁 6시 무렵 후배 산악인 두 명을 데리고 달려와주었다. 울컥할 정도로 고마웠다. 순식간에 날씨가 어두워진 터라, 헤드랜턴을 착용하고 밧줄을 등에 지고 가파른 절벽 바위를 기어올랐다. 그들은 시야에서 사라졌다가 한참이 지난 후에 다시 나타나 밧줄을 타고 내려오면서 수색에 들어갔다. 드론이 떨어진 곳으로 짐작되는 나무까지 올라서 샅샅이 뒤졌다. 그러나 밤 9시가 되자 포기하고 돌아서야 했다. 그들은 축 처진 내 어깨를 토닥이며 내일 다시 찾아보겠다고 용기를 줬다.

머릿속에는 온통 금강이뿐이었다. 세상에서 가장 긴 밤을 지내고 다음 날, 지인의 후배인 전문산악인 다섯 명이 도움을 주기로 했다. 오후 3시부터 다시 바위산을 오르고 나뭇가지까지 흔들어보았지만, 발견되지 않았다. 순식간에 날이 어두워졌다. 수색대의 안전을 생각해서 눈물을 참아가며 수색을 다음 날로 미뤘다.

다시 다음 날에는 산악인 아홉 명이 총출동했다. 낮부터 로프를 걸고 오르락내리락하기를 수차례, 금강이는 끝내 모습을 보이지 않았다. 설상가상 빗방울이 흩뿌렸다. 저녁부터 많은 비가 온다는 뉴스가 흘러나왔다. 이젠 포기해야 했다. 집으로 돌아오는 길, 눈가가 촉촉이 젖었다.

드론 생산회사에 이메일로 구제를 신청해보기도 했다. 조작 실수가 아닌 기체 결함으로 보이는 에러가 발생해 일어난 사고로 분실보상을 요청했으나 거절당했다. 더 이상 방법이 없었다.

한시도 내 곁을 떠나지 않던 금강이가 떠난 강변은 매몰차고 무서웠다. 하염없이 눈물이 흘러서 밥도 넘기지 못하고 잠도 자지 못했다. 금강을 걷는 것도 취재하는 것도 흥이 오르지 않았다. 첫사랑이 떠난 빈자리만큼이나 찬바람이 파고들었다. 의욕이 떨어져서 공허한 상태였다.

언제부터인지 모르지만 카메라와 취재수첩이 동지처럼 느껴지곤 했다. 혼자 금강을 걷다가 문득 카메라를 어루만지곤 했고, 4대강을 취재하면서 쓴 손때 묻은 수첩 40여 권도 버리지 않고 책상 위에 차곡차곡 모아두었다. 카메라와 취재수첩이 오래된 동지였다면, 금강이는 새로 인연을 맺은 동지였다. 생명체 같은 온기까지 느껴졌다. 하늘에 있다가 내려온 녀석의 배꼽 전원을 누를 때마다 "고맙다"는 말을 잊지 않았다.

"금강이 동생을 보냅니다."

맹금류가 되어서 돌아온 나의 드론 금강이

SNS에 올린 글을 본 독자가 답글을 보내왔다. 한두 푼도 아니고 한 달 월급에 맞먹는 거금을 보냈다는 것이다. 호의가 너무나 고마웠지만, 덥석 받으려니 나 자신이 더욱더 초라해지는 것 같았다. 하지만 무일푼이던 나로서는 거절할 명목도 자존심도 없었다.

왜가리처럼 날아간 금강이는 맹금류가 되어서 복귀했다. 덕분에 다시 예전처럼 새의 눈으로 강변을 훑고 물고기의 눈으로 강물을 탐색한다. 4대강의 아픔이 사라지는 그날까지 나를 잘 도와주기를.

아주 특별한 초대

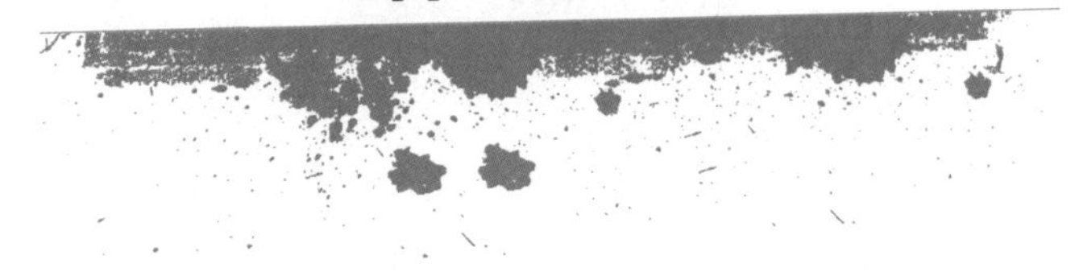

2017년 겨울, 〈오마이뉴스〉가 아주 특별한 기획을 제안해 왔다.

"4대강 다큐멘터리를 제작합시다."

숨쉬기도 힘든 악취가 진동하는 강변, 강바닥을 뒤덮은 녹조류 사체, 스멀스멀 짙어지던 녹조… 때때로 현장을 더 생생하게 전달할 수 있는 방법이 없을까 고민했지만, '4대강 영화'는 현실적인 벽에 부딪혀 가슴속에만 품고 살던 꿈이었다. 금전 문제로 혹시나 포기하게 될까봐 여기저기에 소문부터 냈다. 소문은 강바람을 타고 물결을 타고 널리널리 퍼져나갔다.

〈오마이뉴스〉는 이명박 전 대통령이 한반도대운하를 제1공약으로 내걸었을 때부터 10년 동안 4대강 사업을 집중보도해왔다. 4대강 사업이 완공되어 모두가 포기한 후에도 매년 특별 탐사보도를 했다. 그리고 이번에는 4대강의 변화된 상황과 함께 이명박 전 대통령을 비롯한 부역자들과 저항자들을 조명하는 다큐멘터리를 제안한 것이다.

4대강 댐으로 가로막힌 금강의 일부 구간이 꽁꽁 얼었을 무렵, 드디어 오마이TV 4대강 다큐 제작팀으로부터 연락이 왔다.

"내일 실지렁이랑 붉은깔따구를 캡시다."

칼바람이 불고 눈발까지 휘날렸다. 그러나 가슴은 뜨겁게 달아올랐다. 세종시청이 바라다보이는 금강에 들어가 딱딱하게 얼어붙은 펄을 삽으로 깼다. 시궁창 펄을 비닐 용기에 담다가 플라스틱 국자가 부러지기도 했다. 추위 때문인지 붉은깔따구는 깊숙이 들어가 잘 보이지 않았지만 실지렁이가 득실거렸다.

〈오마이뉴스〉는 이명박 전 대통령에게 전할 내 명의의 초대장도 제작했다. 거기에 이렇게 적었다.

"이명박 씨, 안녕하시지요?

〈오마이뉴스〉 4대강 독립군들이 무술년 새해 벽두에 당신을 당신의 집 앞으로 초대합니다. 1월 6일(토요일) 오후 4시 서울 강남구에 있는 7호선 학동역 6번 출구 앞입니다. 당신 집에서 불과 2~3분 거리인 150미터 떨어진 곳입니다… 당신을 초대한 사람들은 〈오마이뉴스〉 4대강 독립군입니다. '금강 요정'으로 불리는 기자와 '낙동강 지킴이' 정수근 기자, '4대강 백서'를 만드는 이철재 기자입니다. 당신 손아귀에서 4대강을 해방시키려고 지난 10년 동안 현장에서 싸워온 사람들입니다. 사회는 염형철 환경운동연합 사무총장이 맡습니다. 당신이 비밀 군사작전처럼 4대강 사업을 밀어붙일 때 경기 여주 이포보에 올라가 장기간 고공농성을 벌였던 인물이죠…

4대강 독립군들을 분노하게 만들었던 당신의 이 말, 기억하시는지요?

'저 물에 커피 타 먹고 싶다.'

당신이 몇 해 전 달성보를 방문한 자리에서 낙동강 물을 가리키며 한 말입니다. 바로 그 썩은 물도 떠 가겠습니다.

강바닥에서 막 캐낸 2018년 1월산 '실지렁이'와 '깔따구' 전시회도 엽니다. 4대강 시궁창 펄에서 사는 최악수질 4급수 지표종입니다. 악취가 나기에 밀봉된 유리병에 담아 갑니다. 그 상태에서도 몇 주 동안 생존하는 산소제로 지대의 생명체들입니다…"

이날 행사를 위해 나는 공주보에서 시궁창 펄과 실지렁이, 붉은깔따구를 캤고, 정수근 기자는 낙동강의 물을 페트병에 담았다. 그 뒤에 난생처음으로 강남경찰서에 가서 집회 신고를 했다. 다음 날에는 초대장을 전달하려고 이명박 전 대통령의 사무실 앞으로 가서 일명 뻗치기를 시작했다.

〈오마이뉴스〉 다큐제작팀과 정수근 기자와 함께 서울 2호선 삼성역 근처에 있는 이 전 대통령 사무실 건물 1층 커피숍에서 아침부터 버텼다. 일단 그가 사무실에 들어가는 것이 확인되면, 나올 때까지 기다릴 작정이었다.

"선배, 조금 전에 들어가는 모습을 봤으니 나올 때 치죠."
"곧 나올 것 같은데 준비하세요."

그가 나올 정문을 응시하며 입구에서 버텼다. 전직 대통령이라고 하지만 그와의 만남은 쉽지 않았다. 수상한 낌새를 느꼈는지 건장해 보이는 사람들이 다가와 "어디에서 왔느냐?"고 물었다. 순진한 나는 "〈오마이뉴스〉 다큐제작팀"이라고 말했다. 이 전 대통령을 태우려고 대기하던 세단이 건물 앞에 멈추지 않고 주변을 돌았다. 수상했다.

나는 정문과 옆문을 같이 감시할 수 있는 사각 모서리 쪽으로 자리를 옮겼다. 소리도 없이 다가온 검은 세단이 후문에 차를 세웠다. 미끈하게 빠진 경호원들의 분주한 움직임이 포착됐다. '나오는구나!' 그에게 전달하려고 특별히 만든 초대장을 다시 확인하고 준비를 끝냈다. 그런데 예상과 달리 그는 기습적으로 옆문으로 나왔다. 나는 반사적으로 얼른 달렸다.

"4대강 아직도 잘했다고 생각하십니까?"

이렇게 외치며 그를 향해 뛰어들었다. 그러나 말이 끝나기가 무섭게 경호원이 나를 낚아챘다. 경호원의 양팔에 양어깨가 잡힌 상태라 꼼짝할 수가 없었다. 굴욕이었다. 하는 수 없이 경호원에게 "초대장을 전달해야 한다"고 애걸하다시피 말했다. 그러나 "제가 전달하겠습니다. 흥분 가라앉히세요"라는 대답만 돌아왔다. 나중에 확인해보니 이명박 전 대통령은 카메라에도 제대로 잡히지 않았다.

다음 날에는 카메라 기자가 네 명으로 늘었다. 아침 10시부터 정수근, 이철재 활동가와 내가 각각 정문과 후문, 쪽문을 맡아 뻗치기에 들어갔다. 다시 긴 기다림이 이어졌다. 점심을 먹으러 나올 때도 됐는데, 특별한 움직임은 없었다.

"빠져나간 거 아냐?"
"움직이지 말고 자리를 지켜!"

의구심은 오히려 우리를 더 긴장하게 만들었다. 어떻게 해서라도 오늘은 그와의 승부를 지어야 했다. 기약 없이 기다리는 사이, 사방이 어둠에 잠기고 가로등의 불이 켜지고 하루를 끝낸 사람들의 발걸음이 분주해졌다. 기다림에 지친 속은 까맣게 타들어갔다.

"혹시 어디 쪽문으로 빠진 거 아냐?"

불안감에 초조해졌을 때쯤 낯익은 검은색 세단이 옆문 쪽으로 들어오는 모습이 포착됐다.

"나온다!"

사방이 어둠에 묻혔지만, 7~8명의 건장한 경호원들 속에 고개를 숙이고 나오는 그의 모습이 보였다. 어제 경호원에게 잡혔으니 오늘은 한 템포 늦게 움직여야지, 하고 타이밍을 계산했다. 정수근, 이철재 활동가가 뛰어들었다가 경호원들에게 잡히는 순간, 나는 그들을 우회하여 뛰어들었다.

"이명박 대통령님, 4대강 그렇게 망쳐놓고 행복하십니까? 아직도 4대강 사업을 잘했다고 생각하십니까? 4대강 망친 거 사과하셔야 되는 거 아닌가요?"

전날처럼 경호원이 나를 낚아챘지만, 이번에는 그를 뿌리쳤다. 또 다른 경호원 두 명이 나를 잡아 거칠게 주차장 셔터 쪽으로 밀어 넣었다. 사정없이 밀치는 그에게 "밀치지 마!" 라고 외치며 세단 앞까지 다가섰을 때였다. 카메라를 든 후배를 한 경호원이 양팔로 잡고 들어 올려 정차된 차량에 던지고 오른쪽 무릎으로 짓누르는 모습이 보였다. 후배 구하기가 우선이었다. "때리지 마!" 소리치며 뜯어말렸다.

그를 태운 차량은 그날도 허망하게 어두운 밤길을 총알처럼 빠져나갔다. '금강 살리기 사업은 우리의 금강을 더 맑고 더 풍요롭게 변화시킵니다!' 하고 떠들던 그들은 강을 4급수 오염원으로 망쳐놓고도 호의호식하고 있었다. 분노를 주체할 수 없었다. 사시나무처럼 온몸이 떨렸다. 기운이 쭉 빠져 털썩 주저앉아버렸다.

수문개방과 관료들의 사회

2017년 봄, 4대강 사업으로 가로막혔던 강물이 다시 흐르게 되었다. 철옹성 같던 세종보 수문이 5년 만에 열린 것이다. 통째로 열린 건 아니다. 높이 7미터의 수문이 1~2미터가량만 낮아졌다. 그래도 녹색 물보라가 쏟아져내렸다. 강바람도 몰아치며 시큼한 악취도 씻겨 내려갔다.

문재인 대통령은 대선후보 시절부터 4대강 사업에 대한 철저한 검증과 수문개방을 약속했다. 당선과 동시에 썩어가던 4대강 수문개방을 지시했다. 그러나 4대강에 동참했던 공무원들은 이런저런 핑계를 대며 '찔끔' 방류 쇼를 시작했을 뿐이다. 강의 수생태계는 변화가 없었다. 국민들의 비판여

론이 이어지자 그제야 추가 개방을 했다. 4대강 16개 보 중 14개 보로 확대 방류했지만, 수문개방의 폭은 크지 않았다.

정권이 바뀌고 수문이 조금 열렸으나 공직사회는 그대로다. 현장이 아니라 책상이 일터다. 환경부가 내놓은 수문개방 뒤 현장조사 결과가 마음에 와 닿지 않는 이유가 여기에 있다. 그들은 오늘도 책상 앞에서 전화기를 붙잡고 '보고'만 받고 있다. 환경부는 4대강 수문개방에 따른 결과를 모니터링하려고 상황실을 운영한다. 하지만 현장조사는 비정규직 노동자들의 몫이다. 개인이 혼자서 드넓은 구역을 관리한다. 이렇다보니 제대로 된 현장조사가 어렵다. 잘못된 정보가 보고돼도 확인할 방법이 없다.

여전히 세종보에서는 죽은 물고기가 발견되었다. 인근 강변에는 너구리로 추정되는 사체도 보였다. 강바닥으로 눈을 돌리면 펄 위에 죽은 어패류들이 즐비했다. 그 곁에 붉은깔따구가 지천이었다. 백제보 상류 임장교도 똑같았다. 시커먼 강바닥에 수백 개의 말조개와 펄조개가 흩어져 있었다. 아무도 찾지 않는 곳에서 말라죽은 거다. 썩은 사체에서 지독한 냄새가 풍겼다. 하지만 환경부 상황실에 적힌 내용은 현장과 달랐다. 이날 내가 목격한 죽은 물고기와 너구리, 조개류는 '현장조사'에서 제외돼 있었다.

국민 세금 22조 원을 들인 4대강 사업은 적폐청산 대상 1호라고 할 수 있다. 하지만 아직도 기초적인 현장조사는 주먹구구식이다. 수문개방에 따른 현장조사가 시민단체가 빠진 관 위주로 이루어지기 때문에 벌어지는 현상이다.

환경부는 이명박 정권이 자행한 4대강 사업의 실태를 알면서도 묵인하고 부역한 전력이 있다. 박근혜 정권 때 역시 우리 강이 최악의 상태임을 뻔히 알면서, 심지어 국민들의 식수원 오염마저 사실상 방치했다. 직무유기라고 할 수 있다.

나는 지난 10년간 강에서 살면서 물고기 떼죽음과 녹조, 큰빗이끼벌레, 실지렁이와 붉은깔따구 등이 발생할 때마다 환경부의 입장을 들으려고 수없이 전화했다. 그때마다 돌아

세종보를 뛰어넘지 못한 물고기가 죽어가고 있다

오는 답변은 늘 이랬다.

"(물고기 떼죽음) 조사중입니다."

"(녹조) 확인해보겠습니다."

"(큰빗이끼벌레) 확인하고 있습니다."

"(실지렁이·붉은깔따구) 연구용역중입니다."

문재인 정부가 들어선 뒤 환경부 장관과 차관은 개혁적 인사로 바뀌었다. 하지만 4대강 사업에 동조하고 부역했던 공범자인 공무원들은 자리만 옮겼을 뿐 같은 부처에 있다. 이들에게 물길을 다시 튼다는 것의 의미는 자기의 과거를 부정하고 과오를 인정하는 일이다. 아직도 4대강 수문이 활짝 열리지 못한 것은 이 때문이다. 관료들이 이런저런 핑계를 대면서 사실상 수문개방을 막고 있다.

한편으로 생각지 않은 곳에서 수문개방에 따른 문제가 생기기도 했다. 2017년 12월 백제보 인근 시설재배 농가들의 지하수 고갈 민원이 접수되었다. 민원이 발생한 곳은 부여군 자왕리, 저석리, 신정리, 송간리, 정동리 등 5개 마을이다. 4대강 사업으로 강변 농지가 사라지면서 비닐하우스 시설 농가들이 증가한 곳이다. 농가에서는 수박, 멜론, 딸기, 호박,

오이 등의 작물을 수막 재배 방식으로 재배하고 있다.

농민들은 4대강 공사나 수문개방은 자신들과 큰 상관이 없다고 한다. 농사꾼으로서 그때나 지금이나 농사를 짓는데 불편만 없게 해달라는 것이다. 다만 2018년 수문개방으로 지하수가 나오지 않아 수막 재배 농가들이 큰 피해를 봤는데 보상 한 푼 받지 못했다며, 수문을 열고 싶으면 개방으로 인한 지하수 고갈에 따른 대안과 보완책을 요청했다.

이들은 집단행동에 나서기도 했다. 수문을 개방한다는 얘기를 듣고 2018년 4월 17일 백제보 인근에서 농사짓는 농민 70~80명이 몰려가서 반대집회를 했다. 당시 환경부는 10일간 임시 개방하여 양수시설을 보강하고 수위를 조절하겠다는 말만 되풀이했다. 농민들은 "지하수가 고갈되면 어떻게 할 것이냐"고 따져 물었지만, 환경부는 답변을 내놓지 못했다. 언뜻 보면 이날 수문개방을 막은 것이 농민 같지만, 사실은 환경부 관료들이었다고 할 수 있다.

당시 부여환경연대 대표는 환경부와 농림수산식품부, 부여군, 농민들이 백제보 회의실에서 함께한 자리에서 정부가 수문개방에 의지가 없어 보였다고 했다. 주민을 설득하기보다는 오히려 주민들을 자극하려는 의도가 엿보였다고 한다. 그는 주민들이 바라는 것은 농업용수 보전이라고 설명했다. 정부가 대안을 가지고 와서 농민을 설득해야 했다.

"환경부는 정수장을 수리하려면 3일이 걸리고, 그 뒤에는 물을 다시 채운다는 식의 말만 늘어놓았습니다. 4대강 수문개방에 따른 문제를 해결하려는 의지는 전혀 보이지 않았어요. 예를 들면 대형 관정을 파서 공동관리하는 방법과 강물을 펌핑해서 농민들이 사용할 수 있도록 흘려보내는 방법 등 지하수 고갈에 따른 대안이 있어야 합니다. 4대강 문제는 금강만의 문제가 아니라 낙동강까지 협의를 거쳐

2018년 1월 수문개방 직후 금강의 모습

야 하는데 정부의 로드맵이 없는 것으로 보였습니다."

그는 정확한 설명도 없었으며 보 개방에 의지가 있는지도 의심스러웠다고, 당시 무기력한 정부의 대처 상황을 전했다. 4대강 수문개방을 주도하고 있는 환경부 담당자는 이에 대해 다음과 같이 해명했다.

수문개방 후 3개월 정도 시간이 흘렀다

"농민들이 반대가 심하고 지자체의 반대의견도 강해서 협의중입니다. 계속 만나서 협의하고 있습니다. 하우스 농가는 지하수를 쓰고 있어서 반대하는 것 같은데, 대안을 찾고 있고 지자체와도 협의중입니다. 지난 개방에서는 일부 피해가 있어도 강행했는데, 지금은 반대하는 입장에서 조금 더 집단화되어 움직이고 있습니다. 어느 수준까지는 계속 논의해나갈 것이며 협의가 끝나야 수문개방이 가능합니다."

또한 4대강 수문 개방이 정부 주도로 이뤄지고 있는 것도 하나의 걸림돌로 지적된다. 지방자치 분권시대에 걸맞게 지역의 문제는 지역에서 풀어야 한다. 그런데 정부가 보 개방에 따른 민간협의체를 운영하면서도, 지역주민과 밀접한 관계를 맺으면서 협의가 가능한 지역의 환경단체와 개인은 배제하고 있다는 것이다. 현재 광역시 주도의 단체만 민간협의체에 참여하고 있다.

여름이 오자 하루가 다르게 기온이 상승하고 있다. 산란기에 접어든 물고기는 상류로 거슬러 오르기 위해 여전히 콘크리트에 머리를 박고 죽어간다. 4대강 사업 이후 해마다 창궐하는 녹조가 스멀스멀 피어오를 조짐도 곳곳에서 나타나고 있다. 현실적인 대안이 필요하다.

강의 희망에 대하여

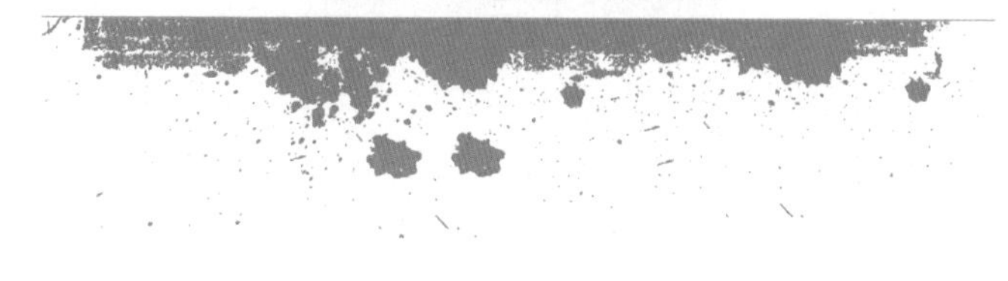

2018년 초, 굳게 닫혔던 콘크리트 문이 해제됐다. 철옹성 같던 수문이 열리고 누런 구정물이 쏟아져 나왔다. 마침 비까지 내려 묵은 강물이 빗물에 씻기는 듯 세차게 흘러내렸다. 수위가 낮아지고 물살이 빠르게 흘러내리자 강이 깨어나는 소리가 들렸다. 버들강아지로 불리는 갯버들에 푸릇푸릇 물이 오르고, 야생동물들이 좋아하는 곰보배추와 냉이가 황량한 강변에 파릇파릇 돋아났다. 수문이 열리자 금강에 진정한 봄이 찾아든 것이다. 세차게 불어오는 강바람은 향긋한 봄 향기를 실어 나르며 사람들을 강으로 다시 불렀다. 자전거와 유모차를 끌고 온 할머니들은 냉이와 달래, 쑥을

뜯느라 분주했다.

하루가 다르게 반짝반짝 고운 모래톱이 드러났다. 시커먼 진흙을 잔뜩 뒤집어쓴 퇴적토부터 백옥처럼 새하얀 모래섬까지 노출됐다. 사람과 천적으로부터 분리된 공간인 하중도는 철새의 낙원이자 자연생태 학습장이 되었다. 하천 중간에 만들어진 모래톱은 새들이 천적인 고양이, 삵 등으로부터 안전하게 은신할 수 있는 공간이다. 천적으로부터 자유로우니 개체수와 종 다양성이 높아진다. 덕분에 반가운 손님인 새들이 많아졌다. 4대강 사업으로 갇혔던 강물은 이제 강바닥 모래가 보일 정도로 투명하게 빛난다. 상류에서는 쉼 없이 고운 모래와 자갈이 흘러내린다. 산란기를 앞둔 물고기들이 무리를 지어 지천을 타고 오른다. 지천에서는 잉어들이 산란하느라 파닥거리며 강바닥을 흔들어놓는다.

강이 흐르자 금강에 변화가 나타났다. 하늘을 나는 새가 달라졌고, 강물에 사는 물고기가 바뀌었다. 수문을 열었을 뿐인데, 금강에는 희망이 싹트고 있다.

원래 금강은 습지와 여울이 적절하게 분포한 덕분에 다양한 텃새와 철새의 놀이터이자 쉼터였다. 그런데 4대강 사업으로 웅덩이 습지와 모래톱 섬들이 사라지고 각종 인공 시설물이 들어서며 사람과 야생동물의 경계가 무너졌다. 여

하루가 다르게 반짝반짝
고운 모래톱이 드러났다.
강이 흐르자 금강에 변화가 나타났다.
하늘을 나는 새가 달라졌고,
강물에 사는 물고기가 바뀌었다.

러 생명이 사람 눈을 피해 강을 등졌다. 그러자 강은 민물가마우지 차지가 되었다. 보 주변에서 물고기를 사냥하는 민물가마우지를 어렵지 않게 볼 수 있었다. 공주보 하류에서 70~80마리가량을 한꺼번에 발견한 일도 있다. 하지만 금강 수문개방 이후 민물가마우지는 떠났다. 원래 이곳의 주인이었던 새들이 돌아오고 있다.

드러난 모래톱엔 오리들과 천연기념물인 원앙이 한가롭게 휴식을 취하고 있다. 시샘하듯 백로와 왜가리가 주변을 윙윙 날아다닌다. 부리가 가늘고 길며 어두운 갈색인 앙증맞은 새들이 자갈과 모래밭을 껑충껑충 뛰어다니며 노는 모습도 보였다. 18~20센티미터 크기의 백할미새는 콘크리트

꼬마물떼새가 돌아왔다

금강의 모래톱에 꼬마물떼새가 둥지를 틀었다

장벽이 강물의 흐름을 막은 뒤 한 번도 본 적이 없던 새다. 황오리도 쌍쌍이 찾았다. 강물엔 문화재청 지정 천연기념물이자 환경부 지정 멸종위기종인 큰고니가 찾아들었다. 맹금류인 천연기념물 황조롱이가 먹잇감을 발견했는지 장기인 정지비행을 하는 모습은 감탄사를 자아냈다. 오리 등 새들이 많아지고 천적인 맹금류가 찾아들면서 하부 생태계 균형이 유지되고 있는 것이다.

흐르는 강에 사는 물고기도 돌아오고 있다. 이대로라면, 고인 물이 앗아간 모래 지표종인 흰수마자와 꾸구리, 미호종개를 목격하는 날이 머지않을 것 같다. 하지만 아직은 붕어와 잉어, 가물치 등 흐르지 않는 물에 서식하는 정수성 어

황오리가 돌아왔다

고라니가 돌아왔다

종이 물속을 장악하고 있다.

금강 본류와 지천이 만나는 합수부에는 모래가 흘러들어 거대한 운동장이 만들어졌다. 지천에서 흘러든 모래는 비교적 깨끗했다. 많지는 않았지만, 금강에서 사라졌던 다슬기도 보였다. 새들이 찍어놓은 발자국 사이에 수달 발자국도 보였다. 인적이 드문 갈대밭에서는 고라니 한 마리가 파릇파릇 돋아나는 새싹을 뜯어먹고 반짝반짝 빛나는 환약처럼 생긴 똥을 몽글몽글 싸놓았다. 너구리는 은행을 먹었는지 소화되지 않는 은행 알맹이만 수북이 배설해놓았다.

떠나간 낚시꾼들도 빠르게 돌아왔다. 물가에 낚시텐트를 치고 물고기잡이 삼매경에 빠졌다. 나물을 뜯는 아낙의 손길도 분주하다. 수문만 열었을 뿐인데, 4대강 보를 만든 게 없던 일처럼 자연스럽게 변하고 있다. 수문개방으로 강바닥 하상 모래의 질이 달라지자 동식물 서식처가 회복되고 수질이 개선되어가고 있다. 강이 가진 자정능력은 인간의 상상력을 넘어선다. 망가지고 더럽혀져도 스스로 회복한다. 여름 홍수기가 지나고 가을쯤에는 훨씬 개선된 모습을 볼 수 있으리라. 물길이 바뀌고 빠른 속도로 변화하는 금강의 미래를 상상해본다.

대한민국 헌법 제35조 1항

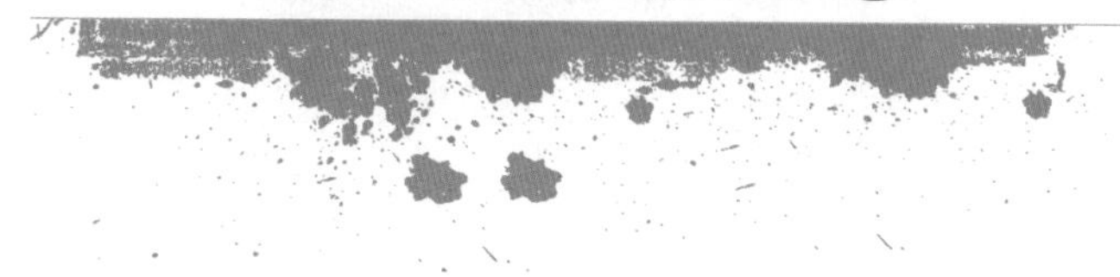

1987년 개헌 이후 31년 만에 다시 개헌 논의가 반짝 수면 위로 떠올랐다. 대통령제냐 의원내각제냐, 단임제냐 중임제냐. 권력구조를 논하는 정치권의 목소리가 생소하게 느껴질 수 있지만, 개헌은 생각보다 훨씬 '국민의 삶'과 밀접하게 맞닿아 있다.

"모든 국민은 건강하고 쾌적한 환경에서 생활할 권리를 가지며, 국가와 국민은 환경보전을 위하여 노력하여야 한다."

대한민국 헌법 제35조 1항이다. 결론부터 말하자면, 난 이런 인간중심의 헌법에 반대한다. '미래세대'와 '자연의 권리'를 빼놓은 지금의 헌법은 'MB의 4대강'이라는 괴물을 탄생시켰다. 말뿐인 환경권이 아니라 사람과 생명, 미래가 담긴 새로운 환경권을 제시한 헌법으로 개정되어야 한다. 이 땅에 다시는 '4대강 사기극' 같은 일이 반복되어서는 안 되기 때문이다.

정부는 '4대강 살리기' 사업이라고 했다. 그런데 경제는 고사하고 강의 생태계도 죽였다. 4대강에서 녹색은 더 이상 생명의 색깔이 아니라, 죽음의 징조였다. 콘크리트 장벽에 가로막힌 강물은 괴기스러운 녹조를 만들어냈다. 흐르지 않는 강에 녹조가 쌓이고 쌓이면서 큰빗이끼벌레라는 낯선 태형동물이 창궐했다. 물고기의 산란 및 서식처 잠식에 따라 수생태계 교란마저 발생했다. 물고기, 자라, 새, 뱀과 심지어 수달까지 강에서 죽음을 맞았다. 사체 썩은 내가 진동했다. 이런 강물을 사람들은 식수로 사용했고 야생동물이 목을 축였으며 농작물을 키우는 데도 쓰였다. 중국과 브라질에서 똑같은 일이 발생해, 사람이 죽고 피부병이 발병하고 암이 급증했다는 소식도 무시됐다. 죽음의 강에선 대한민국 헌법 제35조 1항이 삭제됐다.

"이런 강물로 농민들이 농사짓고 산다고 생각하니 가슴이 아픕니다. 자유롭게 뛰어놀아야 할 물고기들이 죽어가는 것을 보니 눈물이 납니다. 이런 게 국가권력자에 의한 폭력이 아니고 뭔가요. 문재인 대통령은 4대강에 국가재난사태를 선포하고 지금 당장 강을 되살려야 합니다."

금강을 다녀간 사람들이 이구동성으로 한 말이다. 모든 '국민'이 아니라 '사람'이면 누구나 건강하고 쾌적한 환경에서 생활할 권리를 갖는다. 국가와 국민은 수동적으로 환경보전만 하면 되는 게 아니다. 국가는 미래세대를 위해 환경을 보호할 의무가 있고, 자연에도 스스로 방어할 권리를 줘야 한다.

이런 말을 하면, '무슨 짐승에게 권리를 주느냐, 사람보다 자연이 먼저냐' 하며 항의하는 이들이 있다. 지난 2006년에 있었던 이른바 '도롱뇽 소송'도 그랬다. 대법원은 자연물인 도롱뇽을 소송 주체로 인정하지 않았다. 자연인과 법인 말고는 법률적 주체가 될 수 없다는 거다. 인간만이 우주의 중심이다? 정말 그럴까? 해외에선 아니다.

지난 1979년 미국 하와이 환경단체가 제기한 '팔릴라 소송'에서 법원은 이렇게 판결했다.

> "하와이의 희귀조인 팔릴라도 고유한 권리를 지닌 법인 격으로 법률상 지위를 가지기 때문에 연방법원에 소송을 제기할 수 있다. 하와이 주정부에 대해 팔릴라 서식지에서 야생염소와 양을 제거하는 계획을 시행하라."

이게 다가 아니다. 전 세계 식물 중 10퍼센트, 조류 중 18퍼센트가 서식하는 에콰도르는 26개의 환경보존지구 및 국립공원이 국토의 18퍼센트를 차지하고, 단위면적당 생물다양성이 세계 1위인 국가다. 2008년 9월 국민투표에 의해 비준된 에콰도르 헌법은 '자연의 권리'를 인정했다. 남미의 원주민들은 대자연을 파차마마Pachamama라 불러왔는데, 파차마마는 모든 것의 총체, 즉 모든 것에 생명을 부여하는 '생명 전체의 어머니'로 이해되고 있다. 그런데 서구인들이 에콰도르에 발을 들이면서 자연은 착취당하고 파차마마는 유린되었으며, 자연과 인간 사이의 조화로운 관계는 깨졌다. 인간만이 우주의 주인이고 중심이라는 '인간중심적 사유'는 자연을 수단으로 축소시켜버렸다. 이런 인간중심적 사유가 기후변화와 생태환경위기 같은 문제를 낳은 주범이기도 한 것이다.

에콰도르 헌법 제10조는 "자연은 헌법이 명시한 권리들의 주체"임을 선언한다. 그리고 제71조는 "자연은 존중받을 권리가 있고, 모든 사람과 공동체는 당국에 자연권의 이행을 법적으로 요구할 수 있다"라고 밝힌다. 또한 제72조는 자연은 파괴되었을 때 복원될 권리를 가지고 있다고 명시한다. 생태계를 보존하고, 환경파괴를 예방하며, 심각한 피해를 입었을 때 복구할 책임과 의무가 국가에 있다는 점도 강조한다. 이렇게 에콰도르 헌법이 명시한 자연권은 환경권과는 차이가 있다. 환경권은 인간을 위한 권리로, 인간에 초점이 맞춰진 인권의 일부인 데 비해, 자연권은 자연과 생태에 더 초점이 맞추어져 있기 때문이다.

자연과 생태에 권한을 부여한 자연권은 비단 에콰도르에만 있는 것이 아니다. 볼리비아 등 중남미 국가들과 인도, 미국 일부 주에서 보호하고 있다. 뉴질랜드의 경우 헌법에 보장되어 있지는 않지만, 보호대상으로 관리되고 있다. 독일은 기본법에 "국가는 미래세대를 위한 책임으로서… 행정과 사법을 통해 자연적 생활기반과 동물을 보호한다"고 환경권을 포함시켰다. 그렇다면, 묻고 싶다. 자연에 권리를 준 이런 나라들은 바보라는 건가?

우리나라의 헌법은 1987년 작성된 낡은 법조문이다. 자연환경보존법에서조차 "자연환경을 인위적 훼손으로부터 보호하고, 생태계와 자연경관을 보전하는 등 자연환경을 체계적으로 보전·관리함으로써 자연환경의 지속가능한 이용을 도모하고, 국민이 쾌적한 자연환경에서 여유 있고 건강한 생활을 할 수 있도록 함을 목적"으로 한다고 밝혀 자연을 지배 대상으로만 삼았다. 그 결과는 어떤가?

이명박 정부는 4대강을 망가뜨렸고, 강에 기대 살던 사람들을 내쫓았다. 물고기와 새를 비롯한 각종 야생동물은 중장비로 무장한 특공작전에 무자비한 학살을 당해야 했다. 국가지정문화재가 파손되고 세계멸종위기 야생동식물이 죽어가는 무법천지로 변한 금강, 그곳에선 헌법의 가치와 의미도 상실됐다.

대통령이 바뀔 때마다 특별법을 통해 훼손하고 말살시키는 강과 산, 자연에 대해 '미래세대'를 위한 '자연의 권리'를 헌법으로 명시해야 한다. 자연도 하나의 인격체로 존중하고 보호받을 때 진정한 민주주의가 완성될 것이다.

에 | 필 | 로 | 그

다시 공존의 강으로

강물과 물안개는 한 몸이다. 해가 뜨기 전 어스름한 강변은 자욱한 안개로 뒤덮인다. 강물에서 피어난 물안개는 물과 같은 곳으로 흐르기도 하지만, 바람결을 따라 자유롭게 움직인다. 그곳에 혼자 가만히 앉아 있으면 안개 속에 가려진 나도 강물처럼 흐른다. 물처럼 모래와 자갈 속에 파묻혔다가 빠져나오면 밤새 꿨던 악몽도, 침침했던 과거의 파편도 그새 맑아진다.

잠에서 막 깨어난 하늘이 기지개를 켜면 물안개는 소리 없이 물러선다. 하얀 군대가 퇴각한 강변에 음영이 드러나면 세상은 자기가 가진 색을 비로소 입는다. 아침 햇살이 비추는 강물은 유리알 같은 투명색이다. 자기를 분별하지 않고, 강바닥의 모래와 자갈을 드러낸다. 물 밖 모래사장은 찬란한 황금빛이다.

이때쯤이면 나는 혼자가 아니다. 나보다 먼저 강변을 찾은 고라니와 마주친 적도 많다. 모래사장에 발자국을 찍으며 뛰어다니다가 나와 눈이 마주치면 녀석들은 잠시 시선을 고정하고 숨을 멈춘다. 나와 녀석 사이에 정적이 흐른다. 그것도 아주 잠깐, 고라니는 엉덩이를 높게 쳐들고 힘껏 뛰어오른다. 순식간에 건너편 숲속으로 내달아 몸을 숨기곤 했다. 인기척이 들리면 앙상한 버드나무 꼭대기에서 늦잠을 자던 게으름뱅이 백로도 어설픈 날갯짓으로 날아올랐다. 둥지에 있는 건 한두 마리가 아니었다. 한 마리가 둥지를 차고 날아오르면 그 뒤를 수십 마리가 따른다. 눈치 백단인 개개비를 만나기란 쉽지 않다. 녀석은 항상 나를 먼저 발견하고 갈대숲을 흔들며 사라졌다. 그럴 때마다 "개개개 비비비" 소리를 냈다.

물안개가 물러서고, 동물들이 모습을 감출 때 이곳은 사람의 강으로 바뀐다. 왁자지껄 모여든 아이들이 투명한 물속에 들어가 첨벙거린다. 모래성을 쌓고 두꺼비집도 만든다. 어른들은 허리춤까지 잠기는 물속에 낚싯대를 휘두르고, 곰나루 소나무 언덕 아래에서 나물을 뜯기도 한다.

떠들썩하던 목소리가 사라지고, 사람의 숨결이 잦아들면 어둠의 강이 귀환한다. 강물은 소리 없이 흐르면서 또다시 제 몸에서 밤새 물안개를 피워 올린다. 잠시 숲속에서 숨을 죽였던 고라니와 개개비는 모래사장에 새긴 사람의 흔적에 자기 발자국을 보탠다. 백로는 둥지로 날아와 새끼를 돌보고, 물고기들은 물속 모래 틈에 알을 낳는다.

이게 공존의 강이다. 강은 물안개와 고라니, 물고기, 백로, 그리고 사람들이 공유하는 공간이다.

나는 강을 기록했다. 누군가는 해야 할 일이었다. 기록을 위해서는 강에 더 가까이 다가서야 했다. 걸쭉한 녹조 물에 들어가는 일은 다반사였다. 인체에 유해한지 확인하려고 큰빗이끼벌레를 씹어 먹기도 했다. 강변을 혼자 걷다가 지치면 강변에서 텐트를 치고 먹을 것이 떨어질 때까지 며칠을 지내기도 했다. 취재 도중 구타를 당하는 일도 많았고, 전화나 댓글로 차마 입에 담지 못할 욕설을 듣는 일도 많았다. 야멸친 빚 독촉이 어깨를 짓누르고, 수북한 약봉지가 내 건강 상태를 말해준다. 하지만 무엇보다 무섭고 두려운 것은 '4대강 괴물'들이 저지른 일들이 사람들의 뇌리에서 사라지는 것이었다.

물길이 막히니 상식도 통하지 않는 사회가 됐다. 그들은 숨겼고 나는 들추어냈다. 금강변에 수없이 널린 물고기의 주검들은 지켜보는 것만으로도 지옥 같았다. 공무원들은 물고기를 포대에 담아 강변에 숨겼고, 나는 매일 손으로 땅을 파 구더기가 들끓는 수십만 마리의 주검을 꺼냈다. 그들은 국민 세금과 공권력으로 무장한 국가권력이었고 나는 혼자였다. 기자들은 특종거리가 있을 때 반짝 금강으로 몰려들었지만, 그들이 떠난 뒤 나는 혼자서 강을 지켰다.

드디어 수문이 열리고 물길이 흐르게 된 새봄, 흐르던 강물을 막아서 수질을 살리겠다고 호언장담했던 이명박 정권이 법의 심판대에 올랐다. 하지만 그의 혐의는 뇌물수수와 비자금 조성 등에 치우쳐 있다. 정부가 주도한 4대강 사업의 허와 실을 낱낱이 밝히고, 더불어 국민의 눈과 귀를 가렸던 학자, 언론인, 정치인 등 4대강 찬동 인사들도 청문회에 세워야만 대한민국은 건강한 모습으로 새롭게 태어날 것이다.

지난 10년여 동안의 싸움을 한 권의 책으로 엮어내는 것은 기록하기 위해서이다. 여전히 승승장구하고 있는 4대강 부역자들의 죄를 기록하지 않는다면 우리의 미래가 없기 때문이다. 또다시 강을 망치고 세금도 낭비하는 '탐욕의 사업'이 재연될 수 있을 것 같은 우려 때문이다. 우리는 지난 10년간 4대강에 가해진 인공적인 재앙에 대해 깊이 알아야 하고 교훈을 얻어야 한다. 자연은 모든 것이 균형을 이루고, 목적 없이 존재하는 것이란 없다. 풀 한 포기, 이름 없는 잡초도 태어난 이유를 가지고 있다. 자연 만물 모두 자신만의 특별한 소명을 가지고 제각각 있어야 할 자리에 붙어 있다. 미생물은 동물과 식물이 없으면 살 수 없고, 식물은 미생물과 동물 없이는 살아가지 못한다. 이제 뭇 생명의 관점에서 삶을 살아야 한다. 그것이 인간으로서 삶을 충만하게 가꾸어가는 길이다.

4대강 사업 초기부터 수많은 사람들이 금강을 찾아왔다. 강의 속살이 파헤쳐지는 모습을 보면서 그들은 같이 아파하고 슬퍼했다. 강을 찾았던 사람들의 얼굴 하나하나를 기억하고 있다. 내가 지금까지 금강에서 버틸 수 있었던 것은 온전히 그들의 힘이다. 지난 10년 동안 치열하게 싸우고 기록하면서 내 가슴속에는 미안함과 감사의 마음이 공존했다. 목말라 쓰러진 나에게 물을 건네준 분에서부터 아무런 조건 없이 금전적인 지원을 아끼지 않았던 분들까지, 내가 살아가야 하는 이유를 내 가슴에 심어준 모든 분들에게 감사의 인사를 전한다.

오늘도 나는 강을 혼자 걷는다. 하지만 뭇 생명들과 함께 걷고, 내 기사를 읽는 독자들의 응원과 함께 걷는다. 이곳은 물안개의 강이자 백로와 고라니의 강이며 사람의 강이다. 예전처럼 다시 살아날 강을 기다리며 강의 변화를 기록한다. 강이 깨어나면서 숨을 토하는 하얀 새벽 강가에서 나는 지금도 공존의 강을 꿈꾼다. 강에서 살아가며 강을 찾는 사람들을 맞이할 것이며 강으로의 '소풍'에 동참할 것이다. 이 기록은 아직 끝나지 않았다.